最初からそう教えて
くれればいいのに！

# ChatGPT
# ×Pythonで
# プログラミングの
# ツボとコツが
# ゼッタイにわかる本

立山秀利 ● 著

秀和システム

## ●注意

(1) 本書は著者が独自に調査した結果を出版したものです。

(2) 本書の内容については万全を期して制作しましたが、万一、ご不審な点や誤り、記入漏れなどお気付きの点がありましたら、出版元まで書面にてご連絡ください。

(3) 本書の内容に関して運用した結果の影響については、上記2項にかかわらず責任を負いかねますのでご了承ください。

(4) 本書の全部あるいは一部について、出版元から文書による許諾を得ずに複製することは、法律で禁じられています。

## ●商標等

・本書に登場するプログラム名、システム名、ソフトウェア名などは一般に各メーカーの各国における登録商標または商標です。

・本書では、® ©の表示を省略していますがご了承ください。

・本書では、登録商標などに一般的に使われている通称を用いている場合がありますがご了承ください。

# はじめに

「Python」(パイソン) は、現在世界で最も人気が高いプログラミング言語の1つです。文法やルールがシンプルでわかりやすいなど、プログラミング自体が未経験の初心者にうってつけでしょう。その上、「ライブラリ」というプログラムの"部品"が豊富であり、高度な機能でも少ない手間と時間でプログラムが書けてしまいます。

Pythonは AIに代表される最先端分野で、研究開発やビジネスの第一線で活躍しています。また、日々の仕事のちょっとした自動化などにも、Pythonは大いに役に立ちます。このようにさまざまなシーンで活用できる Pythonをぜひともマスターしましょう。

一方、「ChatGPT」をご存知の読者の方も多いことでしょう。対話型AIの代表であり、文章で質問やお願い事を送信すれば、的確な回答がすぐさま返ってきます。文章の要約なども得意で、仕事の頼れるアシスタントして、普段から活用している読者の方も少なくないと思います。

Pythonをこれから学び始める初心者の学習方法は何通りか考えられますが、ChatGPTがここまで便利になった今の時代、ChatGPTに助けてもらいながら学ぶ方法が有効です。いわば、ChatGPTをプログラミングスクールの講師代わりにして、Pythonを学んでいくのです。たとえば、何か疑問点が生じたら、ChatGPTなら24時間365日いつでも質問に答えてくれます。わからなければ、何度でも繰り返して聞くこともできます。

こんな懇切丁寧な講師役を担ってくれるChatGPTを、Python初心者が利用しない手はありません。

本書は、初心者がChatGPTの助けを借りながら、Pythonを学んでいける入門書です。Pythonの学習では、プログラムを書くために必要な文法・ルールを学ぶ必要があるのですが、その文法・ルールをChatGPTに質問して教えてもらいながら学んでいきます。

加えて、その文法・ルールを使ったサンプルのプログラムを実際に書き、動かしてみ

ることも有効な学習方法ですが、そのプログラムもChatGPTに教えてもらいます。

　Pythonの文法・ルールなど、プログラミング言語としてのポイントとあわせて、Pythonの学習にChatGPTを活用するコツも解説しているので、本書を読み終えたあと、Python中級者へと進んでいく学習のなかでも役立つでしょう。

　ただし、現時点でのChatGPTはPythonの講師としては不十分な面がいくつか残っています。特に、過去に他の言語を学習した経験がなく、Pythonはおろかプログラミング自体が未経験の初心者が学ぶには、残念ながらChatGPTはまだまだ力不足と言えます。

　そこで本書では、それらChatGPTの力不足な部分、苦手な部分を著者が適宜補います。プログラミング自体が未経験のPython初心者がザセツすることなくスムーズに学んでいける構成になっているのでご安心ください。もちろん、ChatGPTが未経験でも何ら問題なくPythonが学べるようにもなっています。

　また、Pythonは基本的な文法・ルールといっても、学ぶ項目はそれなりに種類が多くあります。そこで本書では、プログラミング自体が未経験のPython初心者が必要最小限学んでおくべき項目に絞っています。初心者があれもこれもと、網羅的にすべて学んで習得しようとすると、分量が多すぎてザセツしがちです。本書はその点、項目を厳選しているので、そのような心配は無用です。そして、それら必要最小限な項目を本書で身につければ、ベースができあがるので、残りの項目の学習も自力でスムーズに進められるでしょう。

　そして、Pythonの学習を進めていくにあたり、大切なコツが「無理に暗記する必要はない」ということです。文法・ルールの細かいところまで暗記しないと、習得したことにはならないわけでは決してありません。文法・ルールを使ってプログラムが書けるようになることが、習得したことになります。文法・ルールは暗記しなくても、その都度ChatGPTに聞いたり、Webサイトや本で調べたりすればよいのです。「何度か使っているうちに、自然に暗記できた」ぐらいのスタンスで全く構いません。なので、気軽に挑戦してください。

　それではChatGPTを懇切丁寧な講師として、頼れる相棒として、Pythonを学んでいきましょう。

## ダウンロードファイルについて

本書での学習を始める前に、本書で用いるPythonのコード一式を、秀和システムのホームページから本書のサポートページへ移動し、ダウンロードしておいてください。ダウンロードファイルの内容は同梱の「はじめにお読みください.txt」に記載しております。

### ● 秀和システムのホームページ

ホームページから本書のサポートページへ移動して、ダウンロードしてください。

https://www.shuwasystem.co.jp/support/7980html/7292.html

## 本書の環境について

本書は執筆当時のChatGPT、Anaconda（Python等含む）、Windows 11の環境で解説しています。

本書およびサンプルコード利用により不具合や損害が生じた場合、著者および株式会社秀和システムは一切責任を負うことができません。あらかじめご了承の上、ご利用ください。

最初からそう教えてくれればいいのに！

# ChatGPT × Pythonでプログラミングのツボとコツがゼッタイにわかる本

## Contents

はじめに……………………………………………………………… 3
ダウンロードファイルについて…………………………………… 5
本書の環境について………………………………………………… 5

### 第1章　ChatGPTでPythonを学ぼう

- 1-1　人気のプログラミング言語「Python」を身につけよう……………… 14
  - ●広がるPythonの活躍の場……………………………………………… 14
  - ●これがPython人気のヒミツ！………………………………………… 15
- 1-2　ChatGPTを活用してPythonを学ぼう………………………………… 17
  - ●ChatGPTに助けてもらいながらPythonを学習……………………… 17
  - ●ChatGPTと開発環境を併用してPythonを学ぶ……………………… 18
  - ●ChatGPTに全面的に頼りすぎない…………………………………… 19
- 1-3　ChatGPTを始めよう……………………………………………………… 21
  - ●ChatGPTの準備をしよう……………………………………………… 21
  - ●ChatGPTの使い方のキホン…………………………………………… 24
  - ●これも知っておくとベンリ…………………………………………… 26
- 1-4　Pythonの開発環境「Anaconda」を準備しよう……………………… 28
  - ●Pythonのプログラミングは「Anaconda」で……………………… 28
  - ●Anacondaを入手してインストールしよう………………………… 28

| 1-5 | 「Jupyter Notebook」の基本的な使い方 | 37 |

- Jupyter Notebook を起動しよう　　　　　　　　　　　　 37
- 「ノートブック」を新規作成しよう　　　　　　　　　　　 38
- 最低限知っておきたいノートブックの使い方　　　　　　　 40
- Jupyter Notebook を少し体験しよう　　　　　　　　　　 41
- 終わり方と再び始める手順　　　　　　　　　　　　　　　 42

# 第2章　学習の全体的な流れとChatGPTのコツ

## 2-1　Pythonのどの項目をどの順番で学んでいけばいい？　46

- まずは ChatGPT に聞いてみよう　　　　　　　　　　　　 46
- ChatGPT の回答のレベル感をもっと下げる　　　　　　　 47

## 2-2　本書における Python 学習の全体的な流れ　50

- とりあえず ChatGPT に聞いてみよう　　　　　　　　　　 50
- 「プログラミング自体が未経験」の視点も加える　　　　　 52
- 本書における Python 学習の全体的な流れのまとめ　　　　 55

# 第3章　最初にプログラミングの大原則を学ぼう

## 3-1　プログラムとは？　58

- プログラムとは、"命令文"の集まり　　　　　　　　　　　 58
- 「プログラミング」って結局どういうこと？　　　　　　　 59

## 3-2　プログラミングのキホンは「命令を順番に書く」　61

- ツボは「命令文を上から並べて書く」　　　　　　　　　　 61
- 開発環境で「命令を順番に書く」を体験！　　　　　　　　 65

## 3-3　「命令を順番に書く」の理解をもっと深めよう　69

- 命令文を並べ替えるとどうなる？　　　　　　　　　　　　 69
- 「命令を順番に書く」って、結局何が大切なの？　　　　　 70

# 第4章 「関数」「変数」のキホンを学ぼう

**4-1** 命令文によく登場する「関数」とは……………………………………… 76
- 「関数」って何？ ……………………………………………………………… 76
- 「組み込み関数」って何？ …………………………………………………… 77
- 組み込み関数の基本的な使い方を学ぼう ………………………………… 78
- プロンプトのコツにはこれもある ………………………………………… 80
- 引数が2つ以上ある組み込み関数もある ………………………………… 82

**4-2** print関数の基本的な使い方と「データ型」の初歩………………… 83
- print関数の基本的な使い方を知ろう……………………………………… 83
- 基本となるデータ型その1：数値………………………………………… 84
- 基本となるデータ型その2：文字列……………………………………… 85
- 開発環境で体験しよう ……………………………………………………… 87

**4-3** 引数と並ぶ関数の大事な仕組み「戻り値」を学ぼう ……………… 88
- 組み込み関数の「戻り値」とは？ ………………………………………… 88
- 戻り値の使い方やコードの書き方を学ぼう ……………………………… 89
- 戻り値を開発環境で体験してみよう……………………………………… 92

**4-4** 「変数」のキホンを身につけよう ………………………………………… 94
- 変数とは、データを入れる"箱"のイメージ …………………………… 94
- 変数という"箱"を用意して、データを格納する ……………………… 96
- 変数を使う方法と値を変える方法 ………………………………………… 98
- 変数を体験しよう …………………………………………………………… 100

**4-5** 「演算子」のキホンを身につけよう …………………………………… 103
- 足し算などを行う「+」……………………………………………………… 103
- 「+」や「=」は「演算子」の一種 ……………………………………… 104
- 「+」演算子を体験しよう ………………………………………………… 105

**4-6** コードに残すメモや説明である「コメント」………………………… 107
- プログラムの内容の理解を助ける ………………………………………… 107
- コメントは「#」に続けて書く…………………………………………… 108

# 第5章 「ライブラリ」の関数を使おう

**5-1** 「ライブラリ」の関数の基本的な使い方 ················· 112
- まずは「ライブラリ」について知ろう ················· 112
- ライブラリの関数を準備するには ················· 113

**5-2** ライブラリの関数を実行するコードの基本的な書き方 ········· 118
- 関数名の前にライブラリの名前が付く ················· 118
- ライブラリの関数の例 ················· 119
- ライブラリの関数を体験しよう ················· 120

**5-3** 他のライブラリの関数も少し体験しよう ················· 122
- 代表的なライブラリをChatGPTで探す ················· 122
- Matplotlibでグラフを描いてみよう ················· 125

**5-4** 「モジュール」について知ろう ················· 127
- 「モジュール」って何？ ················· 127
- インポートはモジュール単位が原則 ················· 130

**5-5** 別名でインポートする方法を学ぼう ················· 131
- モジュールに好きな名前を付けられる ················· 131

**5-6** リストの基礎の基礎を学ぼう ················· 133
- リストは"箱"が複数連なったもの ················· 133
- リストを作成するコードの書き方 ················· 134
- リストは変数に入れて使える ················· 137

**5-7** さらに知っておきたいライブラリの仕組みと知識 ············· 141
- 「from import」文も知っておこう ················· 141
- ライブラリについて、これも知っておくとベター ········· 144

# 第6章 アプリを作りながら「条件分岐」を学ぼう

**6-1** 目的のプログラムをChatGPTに作ってもらいつつ学ぼう ······· 146
- 条件分岐とループはこのスタイルで学ぶ ················· 146
- アプリ「連番付きフォルダー自動作成」を作ろう ········· 147

- ●ChatGPTに作ってほしいプログラムを伝える ……………………… 150
- ●コードをもっとシンプルにしてもらおう ……………………… 152
- ●作成されたコードを動かしてみよう ……………………… 153

**6-2** ChatGPTが作成したコードを一つひとつ調べていこう …………… 158
- ●ChatGPTが作成したコードをChatGPTに聞く ………………… 158
- ●ユーザーがデータを入力できる「input」関数 ………………… 160

**6-3** 条件分岐の構文である「if」文の基礎を学ぼう ……………………… 162
- ●if文の基本的な使い方をChatGPTに質問 ……………………… 162
- ●条件の記述に欠かせない「比較演算子」 ……………………… 167
- ●if文の基本構文は条件成立時のみ処理を実行 ………………… 170

**6-4** 条件が不成立の場合に指定した処理を実行する …………………… 174
- ●条件不成立時は別の処理を実行できる「if-else」構文 ………… 174
- ●if-else構文を体験しよう ……………………… 176
- ●フォルダー名が5文字以下かif-else構文でチェック …………… 179
- ●条件が複数ある「if-elif-else」構文 ……………………… 182

## 第7章　アプリを作りながら「繰り返し（ループ）」を学ぼう

**7-1** ループの代表的な構文「for」文の基礎を学ぼう ………………… 186
- ●「ループ」ってどんな仕組み？ ……………………… 186
- ●for文の書式は3つのツボを押さえよう ……………………… 189
- ●繰り返す回数は「シーケンス」で決まる ……………………… 192
- ●「シーケンス」には「数値の範囲」も指定できる …………………… 193

**7-2** for文の「変数」の使い方をマスターしよう ……………………… 196
- ●シーケンスから順番に値が変数に取り出される …………………… 196
- ●「変数」は「繰り返したい処理」で使える ……………………… 198
- ●for文を開発環境で体験しよう ……………………… 201

**7-3** range関数の基本的な使い方をもっと詳しく知ろう …………… 204
- ●range関数の書式には3つのパターンがある ……………………… 204
- ●range関数の2つ目のパターンの書式を体験しよう ………………… 207

●「range(1, 6)」で5回繰り返し、かつフォルダー名の連番を取得 ·············· 208

**7-4　フォルダーを新規作成する方法を学ぼう** ························· 211
●「os.makedirs」関数でフォルダーを新規作成 ···················· 211
●os.makedirs 関数の基本的な使い方 ···························· 213
●指定した親フォルダーの中にフォルダーを新規作成するには ············ 215
●os.makedirs 関数を体験しよう ······························· 216
●os.makedirs 関数にはこんな機能もある ························· 219

**7-5　文字列に変数を埋め込む「f-string」のキホンを学ぼう** ············ 220
●「文字列に変数を埋め込む」ってどういうこと？ ···················· 220
●数値を埋め込むこともできる ································· 223
●f-stringを体験しよう ···································· 223

**7-6　連番付きフォルダーの名前を組み立てて新規作成する** ············ 225
●フォルダーを新規作成するコードの大まかな構造 ················· 225
●f-stringの部分はこのような構造になっている ················· 225


## 第8章　ChatGPTのさらなる活用法とリストの基礎の続き

**8-1　機能を追加・変更したければ、ChatGPTに質問するのが早道** ········ 236
●コードの新規作成以外でもChatGPTは有効 ···················· 236
●2つの修正点を詳しく見ていこう ···························· 239
●「range(1, folder_count ＋ 1)」のカラクリ ···················· 240
●意図通りに機能追加・変更できたか確認 ······················ 241

**8-2　プログラムがうまく動かない時はChatGPTに直してもらおう** ········ 244
●困った時はChatGPTに助けてもらおう ························· 244
●文法・ルールのエラーを直してもらう ························· 245
●「論理エラー」の解決でもChatGPTの出番 ······················ 247

**8-3　自分が書いたコードをChatGPTに改善してもらおう** ············· 251
●機能は同じのまま、ベターなコードに書き換える ················· 251
●改善するサンプルコードの紹介 ····························· 252
●ChatGPTにサンプルコードを改善してもらう ··················· 257

●実際に動作させて３つの改善点を確認 ……………………… 266

**8-4 ChatGPTにコード解説やコメント付与をやってもらおう** …… 271

●コードをChatGPTに解説してもらう ……………………… 271

●ChatGPTにコメントを付けてもらう ……………………… 273

**8-5 リストの「インデックス」を学ぼう** ……………………… 278

●リストの個々の要素はインデックスで操作 ………………… 278

●インデックスはこうやって使う ……………………………… 279

●リストの要素の値を変更するには …………………………… 281

**8-6 リストの「メソッド」を学ぼう** ………………………… 283

●メソッドとは、データが備えている専用の関数 …………… 283

●メソッドのコードはこう書けばOK！ ……………………… 284

●結局ライブラリの関数とメソッドは何が違うの？ ………… 287

おわりに …………………………………………………………… 290

索引 ………………………………………………………………… 291

# Column 目次

ChatGPTは時々もっともらしい嘘をつく ……………………………… 56

ChatGPTの回答は図解入りにもできる ………………………………… 67

Pythonのコードを実行してエラーになったら ………………………… 73

関数と引数と戻り値はExcelにも登場している ……………………… 82

データ型を調べるtype関数 ……………………………………………… 93

こんな変数名は付けられない …………………………………………… 102

自分のオリジナルの関数を作れる「ユーザー定義関数」…………… 110

カレントディレクトリを確認する方法 ………………………………… 157

部分一致の比較に便利な「in」演算子 ………………………………… 184

「変数の値を１増やす」などが手軽にできる演算子 ………………… 203

条件分岐の構文には「match」文もある ……………………………… 227

用いる文法・ルールを指定してChatGPTでコードを生成 ………… 230

ダミーデータをChatGPTに作成してもらう ………………………… 276

「タプル」と「辞書」………………………………………………………… 282

# ChatGPTで
# Pythonを学ぼう

　本章はイントロダクションとして、ChatGPTを活用してPythonをどうやって学んでいくのか、その大まかな流れとポイントを解説します。あわせて、ChatGPTを使う準備と開発環境の用意も行います。

# 1-1 人気のプログラミング言語「Python」を身につけよう

## ◯ 広がるPythonの活躍の場

「Python」（パイソン）は現在、世界でもっとも人気の高いプログラミングの1つです。たとえば、AI（Artificial Intelligence：人工知能）のソフトウェア開発の現場で用いられるプログラミング言語は、Pythonが主流です。さらには、商品の売上などの膨大なデータから傾向を統計的に導き出すといったビッグデータ分析でも、よく利用されます。他にもサイバーセキュリティなど、最先端分野で広く活躍しているプログラミング言語です。

その上、最先端の分野だけでなく、読者のみなさんの身近なところでも、Pythonでプログラムを作れば、大いに役に立ってくれます。具体的には、普段、仕事やプライベートで行っているパソコンのちょっとした作業の自動化です。たとえば、大量のファイルやフォルダーを整理／作成したり、画像を加工したり、インターネット上のWebページから情報を集めたりするなどです。

そして、Pythonは初心者向けである点も人気の理由のひとつです。他の言語に比べて文法やルールがシンプルでわかりやすいので、プログラミング自体が未経験という全くの初心者でも、比較的すんなり習得できます。

最先端分野で活躍するプログラミング言語であるにもかかわらず、初心者にも優しいということは、相反することと感じるでしょう。それを両立するのがPythonの魅力なのです（図1）。

図1　最先端分野から身近な自動化まで活躍するPython

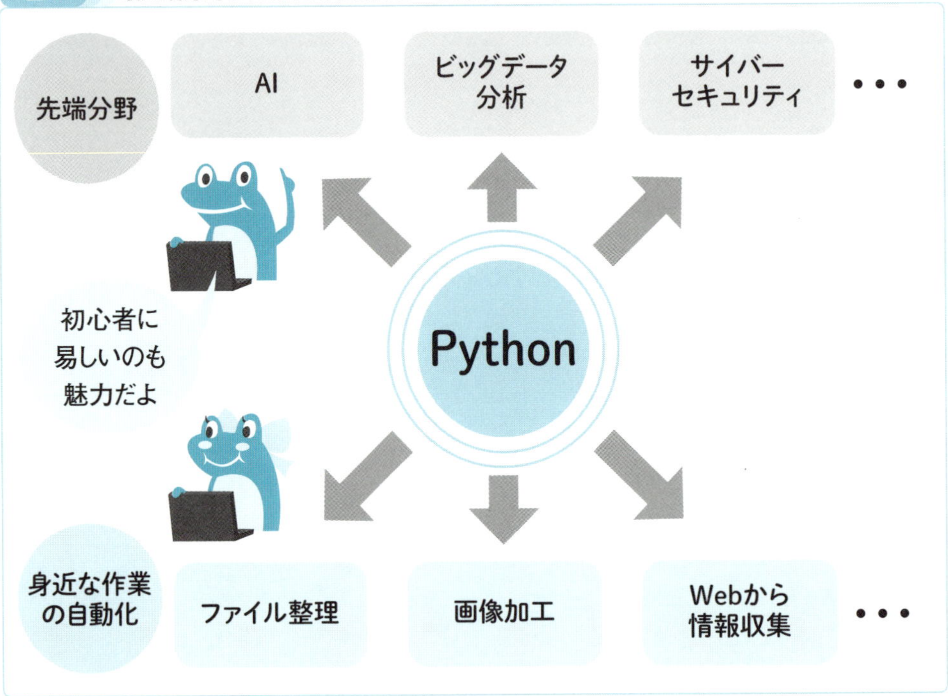

もちろん、Pythonは誰でも無料で使えます。開発環境（プログラムを書いて実行するツールなどが一式揃ったもの）をインターネットからダウンロードし、インストールすればOKです。つまり、パソコンとインターネット回線さえあれば、すぐに使い始められます。

## これがPython人気のヒミツ！

ここで、Pythonの人気のヒミツ、魅力の要因をもう少し詳しく紹介します。以下の2点に集約されます。

### 人気のヒミツ1　プログラムをより短く簡単に書ける

Pythonの文法・ルールはシンプルでわかりやすいだけでなく、プログラムを効率よく書けるようになっており、かつ、そのための仕組みがたくさん用意されています。それらによって、同じ機能のプログラムを作りたい場合、他の言語に比べて、より少ない数のコード（プログラムの命令文）で済みます。さらには、一つ一つの命令文自体も短く済みます（図2）。

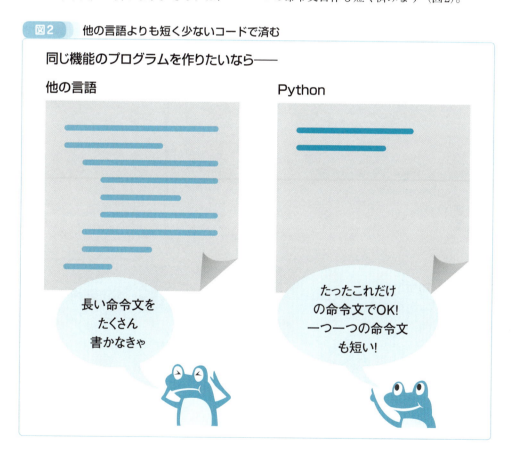

図2　他の言語よりも短く少ないコードで済む

● **人気のヒミツ2　充実した「ライブラリ」で、複雑な機能もラクに作れる**

「ライブラリ」とはザックリ言えば、便利なプログラムの"部品"です。ある程度の機能を備えた"部品"がいくつもあり、必要な"部品"を選んで組み合わせるだけで、複雑な機能でもサッと作れてしまいます。

もし、ライブラリがないと、必要な機能をゼロから自分で作らなければならず、膨大な時間と労力を費やさなければなりません。ライブラリがあれば、ありものの"部品"を使えば済むので、そのような苦労は不要になります。

Pythonは他の言語に比べて、この"部品"＝ライブラリがより豊富に揃っているのが大きな強みです。そのため、あらゆる機能のプログラムをより簡単に短時間で作ることができます（図3）。

図3　ライブラリなら選んで組み合わせるだけ

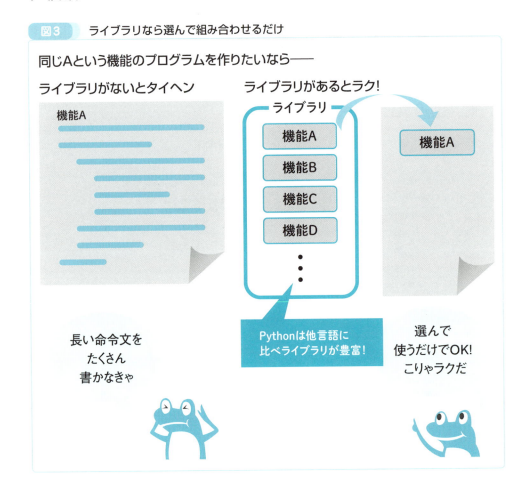

# 1-2 ChatGPTを活用してPythonを学ぼう

## ChatGPTに助けてもらいながらPythonを学習

初心者がPythonを学ぶ方法は、プログラミングスクールの講師、職場などの詳しい知人などにマンツーマンで教えてもらうことはもちろん有効なのですが、それがかなわず、独力で学ぶとなった場合、どうしたらよいのでしょうか？ Pythonは初心者に優しいとはいえ、基礎を学ぶだけでも、プログラミング自体が未経験である全くの初心者には、少々ハードルが高いと言わざるを得ません。

そこで登場するのが「ChatGPT」です。会話系の生成AIの代表であり、すっかり世の中に浸透した感があります。読者のみなさんのなかにも、触れたことがあったり、普段から多用していたりする人も少なくないでしょう（画面1）。

▼画面1 ChatGPTのパソコン向けWeb版の画面例

この画面はパソコン向けのWeb版だよ

独力でPythonを学ぶにあたり、このChatGPTに「プログラミングスクールの講師」や「詳しい知人」の役割を任せるのです（図1）。

ChatGPTは何か質問すれば、充実した回答をすぐに返してくれます。Python初心者が文法・ルールなどを質問し、ChatGPTに回答してもらいます。その回答に書かれている解説や、提示された具体例のサンプルコードを見て、学習を進めていきます。

このようにChatGPTに助けてもらいながら学習すれば、初心者が独力でPythonの基礎を身につけられるでしょう。

図1　ChatGPTに助けてもらいながらPythonを学ぶ

## ChatGPTと開発環境を併用してPythonを学ぶ

　ここで、初心者がChatGPTを活用してPythonを学ぶ際のツボを解説します。言い換えると、学び方のポイントや注意点になります。

　まず大切なのが、ChatGPTの回答として得られたPythonの文法・ルールなどの解説を読むだけではなく、実際に自分でコードを書いて実行することです。
　やはり読んだ解説の内容をただ読んだだけでは、どうしても理解が浅くなりがちであり、実際に自分でコードを書いて実行しないと、自分の血肉にはなりづらいものです。どのような文法・ルールがあり、どのようなコードが書けるのか、実行するとどのような結果が得られるのかなど、自分の手元の開発環境で実際に試します。確かに手間と時間は要しますが、そのぶん確実に身につきます。
　そのようなかたちで学んでいくので、ChatGPTとPythonの開発環境を併用するスタイルとなります（図2）。まずはChatGPTに文法・ルールなど質問し、得られた回答の解説を読みます。サンプルのコードも、ChatGPTに提案してもらうことも可能です。そのコードを手元の開発環境に入力し、実行して結果を確かめます。場合によっては、ChatGPT提案のものから少し変更したコードや、提案とは別のコードも実行します。それによって、文法・ルールへの理解を深めます。以上の繰り返しによって、学習を進めていきます。

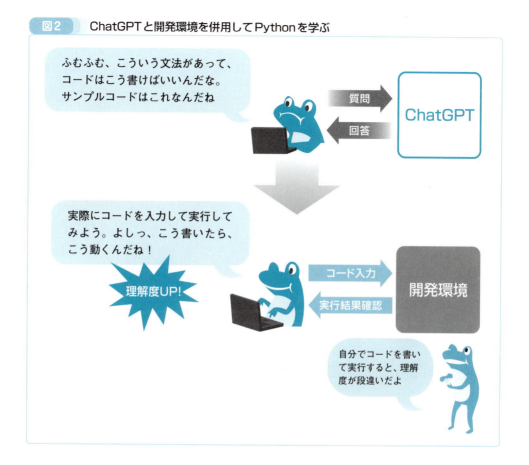

図2　ChatGPTと開発環境を併用してPythonを学ぶ

　ChatGPTは本書ではパソコン向けのWeb版を使うとします。有料プランもありますが、本書では無料版の範囲で使うとします。Pythonの開発環境も先述の通り、インターネットから無料で入手して使えます。
　ChatGPTおよびPython開発環境の準備と基本的な使い方は次節と次々節で解説します。

## ChatGPTに全面的に頼りすぎない

　初心者がChatGPTを活用してPythonを学ぶ際のツボの2つ目は、「ChatGPTに全面的に頼りすぎない」ということです。
　Pythonには学ぶべき項目が複数あります。文法・ルールも複数ありますし、文法・ルール以外にもいくつかあります。実はChatGPTは現時点では残念ながら、それぞれの項目に絞って解説することは得意なのですが、初心者に対して、どの項目をどの順番で学べばよいのか、どの項目の優先度が高いのかなど、全体を通してわかりやすく教えることは苦手としています。各論は得意なのですが、全体論は苦手なのです。
　言い換えると、ChatGPTに全般的にお任せしてしまうと、過去に何かしらのプログラミング言語を学んだことがある人で、Pythonをはじめて学ぶ人に対してなら、わかりやすく効率的に教えてくれます。しかし、プログラミング言語自体を始めて学ぶ人に対しては、あまり

## 1-2 ChatGPTを活用してPythonを学ぼう

わかりやすく効率的に教えられないのです。

そこで本書では、ChatGPTに全面的に頼りすぎないとします。どの項目をどの順番で学ぶのかなど、全体論は筆者が構成します。ChatGPTは各論の担当として、各項目の学習で用います。その際、必要に応じて筆者が補足します。

このように本書では、ChatGPTの得意なところだけをフル活用して、プログラミング言語自体を始めて学ぶPythonの初心者が、わかりやすく効率的に学習を進めてPythonを身につけられるよう解説していきます（図3）。

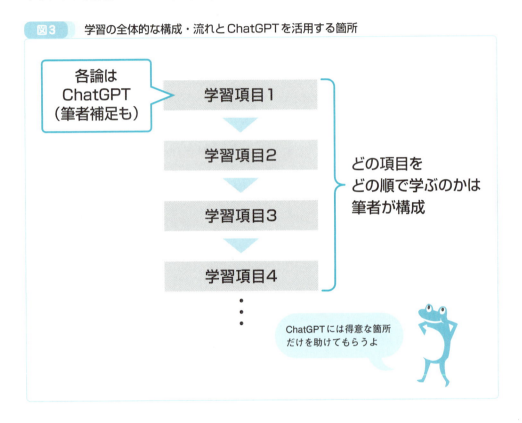

図3　学習の全体的な構成・流れとChatGPTを活用する箇所

加えて、ChatGPTの使い方にも、ちょっとしたコツがあります。主に質問の仕方です。これらについては、次章以降で順次解説していきます。

# 1-3 ChatGPTを始めよう

## ChatGPTの準備をしよう

　本節では、ChatGPTの準備をします。本書では、パソコン向けWeb版のChatGPTを使うとします。WebブラウザーはGoogle Chrome（以下、Chrome）を使うとします。Microsoft Edgeなど、他のWebブラウザーでも操作方法はほぼ同じです。また、スマートフォンアプリ版でも、得られる回答は同じなので、もしそちらを使いたければ、アプリに応じた操作方法で使ってください（ただし、開発環境はパソコンなので、サンプルコードのコピー＆貼り付けには手間がかかってしまいます）。

　ChatGPTの準備とは具体的には、アカウント登録など、使い始めるまでに必要な作業と、基本的な使い方を解説します。もし、すでにChatGPTを使っているなら、本節は飛ばして、次節へ進んでください。

　それでは、ChatGPTの準備を解説します。なお、以降のChatGPTの画面や操作手順は本書執筆時（2024年10月）のものです。もし変更されていたら、画面の指示に従って操作してください。

　最初にパソコンにて、ChromeなどのWebブラウザーを立ち上げ、以下URLのChatGPTのWebページを開いてください。

https://chatgpt.com/

　すると、以下のChatGPTの画面が表示されます（画面1）。

## 1-3 ChatGPTを始めよう

▼**画面1　ChatGPTをWebブラウザーで開いた画面**

最初はこの画面が表示されるよ

　まずはアカウント登録を行います。なお、ChatGPTはアカウントがなくても利用できますが、アカウントがあると、過去の質問・回答を保存したり、質問の傾向から回答を最適化していったりするなど、大幅に利便性がアップします。

　では、画面1の右上の［サインアップ］をクリックしてください。すると、画面2に切り替わります。「アカウントの作成」以下にて、アカウントを作成します。

▼**画面2** ChatGPTのアカウントを作成する画面

すでにGoogle／Microsoft／Appleのアカウントを持っているなら、それをChatGPTのアカウントとして使うことができます。その場合、画面2の「または」以下にて、お使いのGoogle／Microsoft／Appleのアカウントの［〜で続行］をクリックし、画面の指示に従ってログインしてください。

本書では、Googleアカウントを用いるとします。以降に登場する画面は、すべて筆者のGoogleアカウントでログインした状態のものです。

ログインできると、画面右上には自分のアカウントのアイコンが表示されます（画面3）。

▼画面3　自分のアカウントのアイコンが表示された

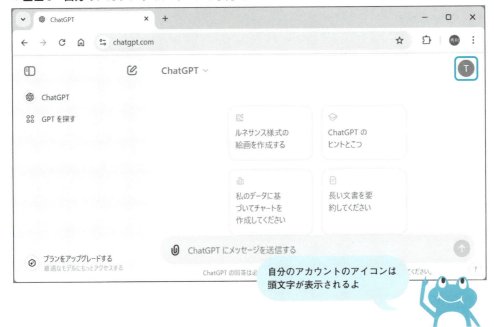

これでアカウント登録は完了です。

　もし、ご自分のメールアドレスでChatGPTのアカウントを作成したければ、「メールアドレス」欄にメールアドレスを入力し、すぐ下の［続ける］をクリックしてください。以降は画面の指示に従い、アカウントを登録してログインしてください。

## ChatGPTの使い方のキホン

　続けて、ChatGPTの基本的な使い方を解説します。といは言っても、基本的な使い方は実に単純です。画面下部にある「ChatGPTにメッセージを送信する」と表示された長丸四角形のボックスに、質問を入力し、その右端の［↑］ボタンをクリックします（画面4）。これで、その質問が送信されます。なお、［↑］ボタンをクリックする替わりに、［Enter］キーを押しても送信されます。

▼画面4　質問を入力し、[↑] ボタンをクリックして送信

画面4では例として、以下の質問を送りました。

> **プロンプト**
>
> Pythonの特徴を教えて。

　これでChatGPTに送られた質問の回答が画面上に表示されます（画面5）。Pythonの特徴を教えてほしいと質問した結果、その特徴が箇条書きの形式で回答されました。なお、この回答はChatGPTの仕組み上、読者のみなさんのお手元と異なる可能性が大いにあります。

## 1-3 ChatGPTを始めよう

▼**画面5** ChatGPTから得られた質問「Pythonの特徴を教えて。」の回答例

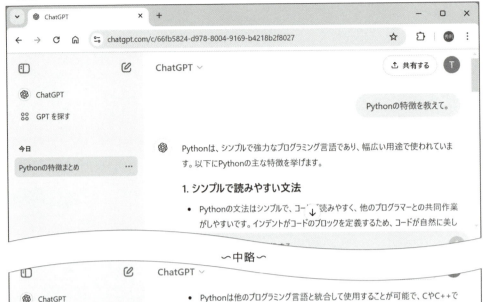

～中略～

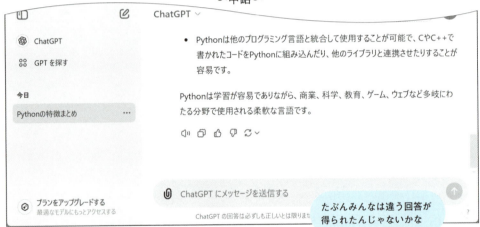

たぶんみんなは違う回答が得られたんじゃないかな

　ChatGPTに送信する質問やお願いなどは、専門用語で「プロンプト」と呼ばれます。本書も以降、このプロンプトという用語を適宜用いていきます。

## ◉ これも知っておくとベンリ

　ChatGPTの基本的な使い方は以上です。ここからは知っておくとよい使い方や知識を簡単に紹介します。

　画面5は左側をよく見ると、一覧表示される領域があり、「Pythonの特徴のまとめ」という項目が表示されています（読者のみなさんのお手元では、別の項目名の可能性があります）。ここの役割は、ChatGPTのやりとり（会話）の単位である「チャット」の管理です。先ほどのように質問を送ると、自動的にチャットとして保存されます（図1）。

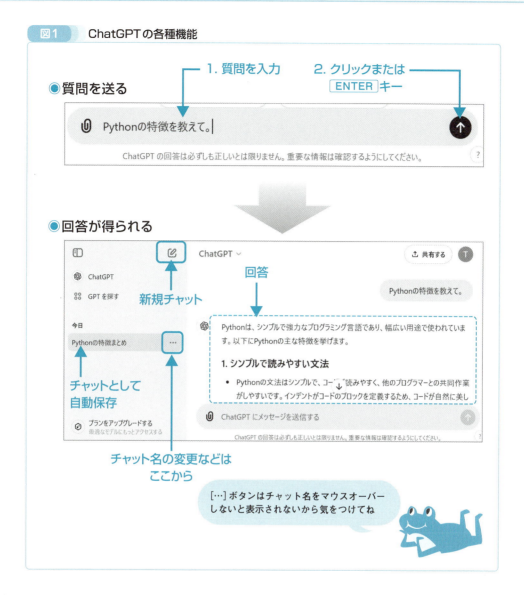

図1　ChatGPTの各種機能

　チャット名は質問や回答の内容から自動で付けられますが、［…］（オプション）ボタンから変更できます。同ボタンは、一覧上のチャット名をマウスオーバーすると表示されます。また、同ボタンからはチャットの削除などもできます。
　そして、一覧の領域の右上にある［新しいチャット］（エンピツのアイコン）をクリックすると、新規のチャットを追加で作成できます。テーマごとなど目的に応じてチャットを分けて作成・管理するとよいでしょう。
　チャットと並んで知っておきたいのが「メモリ機能」です。ユーザーの質問の履歴から、回答を自動で最適化する機能です。質問すればするほど、自分の目的や好みなどにあわせて、ChatGPTがかしこくなっていくわけです。アカウントがあると、このメモリ機能が使えることが大きなメリットです。

# 1-4 Pythonの開発環境「Anaconda」を準備しよう

## ● Pythonのプログラミングは「Anaconda」で

　本節では、Pythonの開発環境を準備します。開発環境は何種類かありますが、本書では「Anaconda」（アナコンダ）を採用するとします。世界中で広く使われている開発環境です。

　Anacondaは、プログラムを書いて実行するツールをはじめ、数多くのライブラリなど、Pythonのプログラミングに必要なモノがひとまとめになっており、初心者でも非常に簡単にPythonの開発環境を準備できます。誰でも無償でダウンロードして利用できます。インストール作業はウィザードに従って1回行うだけで済みます。

## ● Anacondaを入手してインストールしよう

　それでは、Anacondaをダウンロードして入手し、インストールしましょう。フォルダーの画面では、拡張子は表示していない状態（標準の状態）とします。

### ● ステップ1

　Web ブラウザーを開き、下記URLをアドレスバーに入力するなどして、Anaconda ダウンロードのWebページを開いてください（画面1）。

https://www.anaconda.com/download

▼画面1　AnacondaダウンロードのWebページ

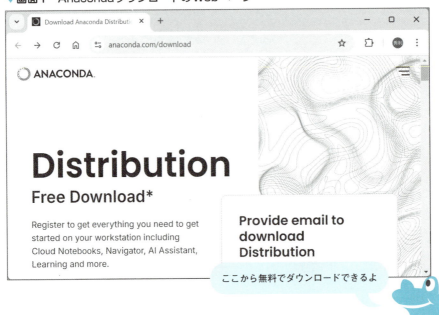

● ステップ2

　同Webページを下に少しスクロールし、[Skip registration]というテキストの部分をクリックしてください（画面2）。

▼画面2　[Skip registration]をクリック

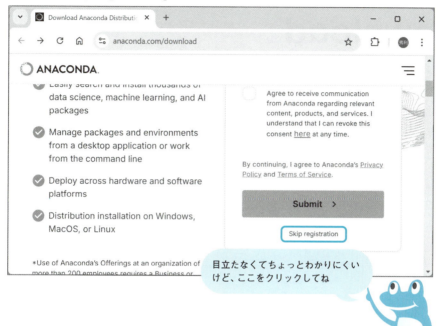

目立たなくてちょっとわかりにくいけど、ここをクリックしてね

　なお、その上にはAnacondaのユーザー登録を行うために、メールアドレスの入力欄や[Submit]ボタンなどがあります。ユーザー登録を行うと、新しいバージョンの案内など、いくつかメリットが得られます。とはいえ、Anacondaはユーザー登録しなくとも入手できるようになっているので、本書ではユーザー登録をスキップするとします。興味があれば、ユーザー登録するのもよいでしょう。

● ステップ3

　「Download Now」というWebページが開きます。左下の[Download]ボタンをクリックしてください（画面3）。

▼**画面3** ［Download］ボタンをクリック

● ステップ4

　「名前を付けて保存」ダイアログボックスが表示されるので、Anacondaのインストーラーをダウンロードします。保存場所を適宜指定し、［保存］をクリックしてください。Anacondaのインストーラーのファイル名は、本書執筆時点では「Anaconda3-2024.06-1-Windows-x86_64」です（画面4）。拡張子は画面に見えていませんが「.exe」です。

▼**画面4** 保存場所を適宜指定し、[保存]をクリック

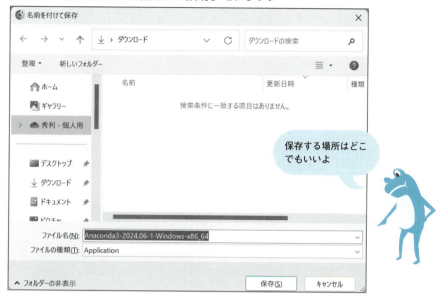

## ●ステップ5

　Anacondaのインストーラーをダウンロードできたら、ダブルクリックなどで起動してください（画面5）。

▼**画面5** Anacondaのインストーラーをダブルクリック

## 1-4 Pythonの開発環境「Anaconda」を準備しよう

● ステップ6

Anacondaのインストーラーが開きます。［Next］をクリックしてください（画面6）。

▼画面6　インストーラーの初期画面。［Next］をクリック

ウィザード形式で簡単にインストールできるよ

● ステップ7

ライセンス条項が表示されるので、確認したら、［I Agree］をクリックしてください（画面7）。

▼画面7　［I Agree］をクリック

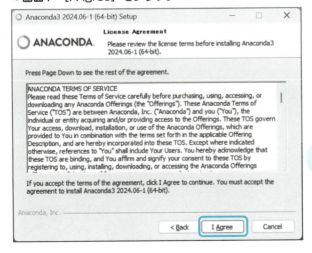

ライセンス条項が英語で表示されるよ

●ステップ8

　［Just Me］を選択した状態で（標準で自動選択されます）、［Next］をクリックしてください（画面8）。

▼**画面8**　［Just Me］を選択し、［Next］をクリック

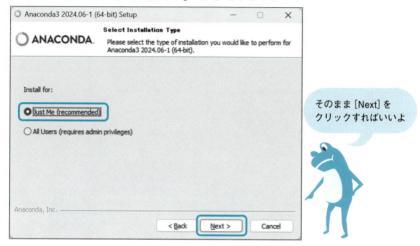

●ステップ9

　インストール先の選択画面が表示されますが、標準のままで変更せず、［Next］をクリックしてください（画面9）。

▼**画面9**　インストール先は標準の場所

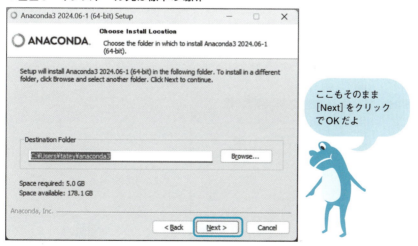

●ステップ10

　各種設定項目が提示されますが、標準のままで変更せず、[Install] をクリックしてください（画面10）。

▼画面10　そのまま [Install] をクリック

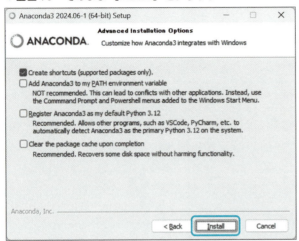

そのまま [Install] を
クリックしてね

●ステップ11

　インストール処理が始まりますので、しばらく待ちます。途中、インストールの経緯がバーなどで表示され、途中でバーが動かない状態がある程度続きますが、インストール処理は進んでいるので、そのまま辛抱強く待ってください（画面11）。

▼画面11　インストールの最中

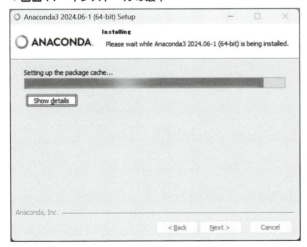

結構な時間待つから
ガマンしてね

## ●ステップ12

インストール処理が完了すると、この画面が表示されるので、そのまま［Next］をクリックしてください（画面12）。

▼**画面12　インストール完了後の画面**

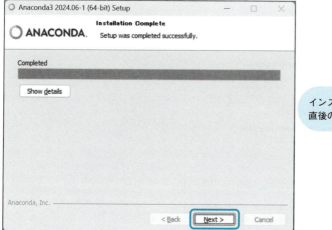

インストール処理が終わった直後の画面だよ

## ●ステップ13

次の画面でも、同様にそのまま［Next］をクリックしてください（画面13）。

▼**画面13　そのまま［Next］をクリック**

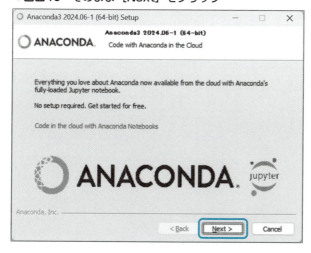

ここでも、そのまま［Next］をクリックしてね

## 1-4 Pythonの開発環境「Anaconda」を準備しよう

### ●ステップ14

これでインストールは終わりです。2つのチェックボックスはオフにしてから、[Finish]をクリックして、インストーラーを閉じてください（画面14）。

▼**画面14** インストーラーの終了画面。[Finish]をクリック

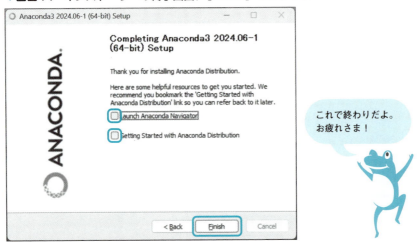

もし、2つのチェックボックスがオンのまま[Finish]をクリックしても、関連するWebページがWebブラウザー上に開くだけであり、インストール自体に問題は発生しません。そのままWebページを閉じてください。

# 「Jupyter Notebook」の基本的な使い方

## ◯ Jupyter Notebookを起動しよう

　先述の通り、開発環境のAnacondaには、プログラムを書いて実行するツールが含まれています。何種類かあるのですが、その代表が「Jupyter Notebook」です。Webブラウザーベースのツールです。本書では、このJupyter Notebookを用いるとします。

　ここでは、Jupyter Notebookの基本的な使い方を解説します。

　Jupyter Notebookを起動するには、［スタート］メニューの［すべてのアプリ］のアプリ一覧から、［Anaconda3（64-bit）］をクリックして開き、［Jupyter Notebook］をクリックしてください（画面1）。

▼画面1　［スタート］メニューからJupyter Notebookを起動

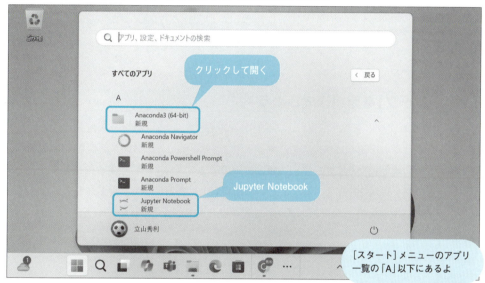

　すると、Jupyter Notebookが起動して、コマンドプロンプトのような画面（タイトルは「Jupyter Notebook］が開いたのち、規定のWebブラウザー（本書ではChrome）の上に、Jupyter Notebookのホーム画面が表示されます。Webブラウザーのタブには「Home」と表示されます（画面2）。

37

## 1-5 「Jupyter Notebook」の基本的な使い方

▼**画面2　Webブラウザーでホーム画面が開く**

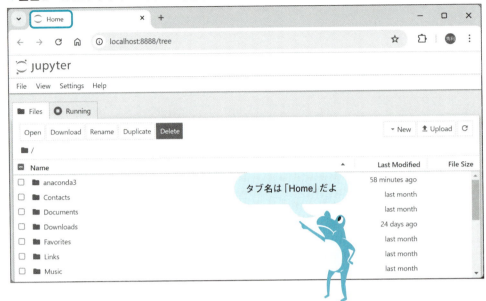

### ●「ノートブック」を新規作成しよう

　Pythonのプログラムを書いて実行するには、Jupyter Notebookのホーム画面から「ノートブック」というものを新たに作成する必要があります。Pythonのプログラムを実際に書いて実行するための画面になります。ホーム画面はこのノートブックを管理する役割になります。

　ノートブックを新規作成するには、ホーム画面の右上にある［New］をクリックし、ドロップダウンから［Notebook］をクリックしてください（画面3）。

▼画面3　[New] → [Notebook] をクリック

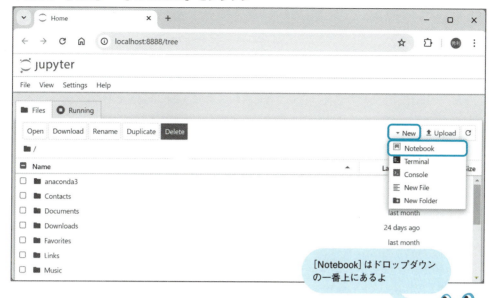

　すると、Webブラウザー上でホーム画面の隣に新しいタブが自動で追加され、ノートブックが新規作成されます。タブには「Untitled」と表示されます。これがノートブックの名前になります（画面4）。

▼画面4　新規作成したノートブックが新しいタブで開く

**1-5** 「Jupyter Notebook」の基本的な使い方

これでノートブック「Untitled」を新規作成できました。以降、ここにプログラムを書いて実行します。実行結果もここに表示されます。まさにプログラミング作業全般を行う画面です。

ノートブックを作成すると、その実態は拡張子「.ipynb」のファイルとして、自分のユーザーフォルダー以下に保存されます。ファイル名はタブに表示されている「Untitled」になります。

なお、「Untitled」という名前は自動で付けられますが、これは読んで字のごとく「タイトルなし」といった意味合いです。この名前のままでもプログラミングは問題なく行えます。あとから名前を変更することも可能です。

## 最低限知っておきたいノートブックの使い方

ノートブックにはさまざまな機能があり、そのためのボタンやメニューなどが揃っていますが、これらの使い方をすべて習得する必要はありません。プログラムを書いて実行するために最低限必要となる2つだけを解説します。

1つ目はプログラムを書く箇所です。それは「[ ]:」と表示されたすぐ右隣にある枠の中です。この「[ ]:」や枠などを含む領域でプログラミングを行います。この領域は専門用語で「セル」と呼びます。

セルの枠内にカーソルが点滅している状態なら、キーを押すなどしてプログラムのコードを入力できます。もし、カーソルが点滅していなければ、セルの枠内をクリックすれば点滅します。

2つ目は、書いたプログラムの実行方法です。セルの上にあるツールバーの[▶]ボタン（[Run this cell and advance] ボタン）をクリックすれば実行できます。実行すると、その結果がセルの枠のすぐ下に表示されます（図1）。同ボタンの他に、ショートカットキーの Shift ＋ Enter でも実行できます。

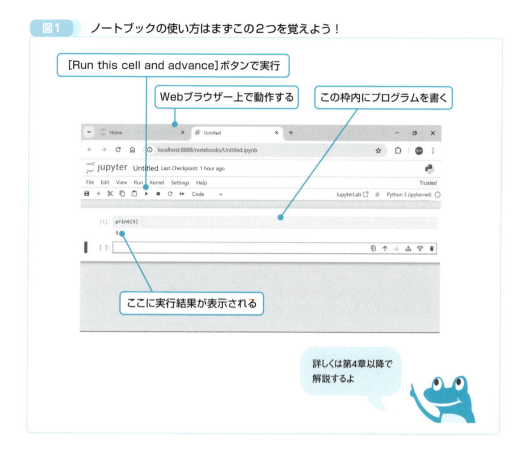

図1 ノートブックの使い方はまずこの2つを覚えよう！

## Jupyter Notebookを少し体験しよう

　ここで、Jupyter Notebookのプログラミングのちょっとした体験をしましょう。先ほど新規作成したノートブック「Untitled」に、ごく簡単なPythonのコードを書いて実行するとします。そのコードは以下です。

```
print(5)
```

　この「print(5)」というコードは「数値の5を出力する」という内容の命令文です。文法・ルールなどは次章以降で改めて解説しますので、この時点では命令文の内容だけ把握できていればOKです。

　それでは、ノートブック「Untitled」のセルの枠内に、上記コードを入力してください。入力できたら、［▶］ボタンをクリックして実行してください（画面5）。

▼画面5　コード「print(5)」を入力して実行

　すると、セルの枠のすぐ下に、実行結果として、数値の5が出力されます。このように実行結果は原則、セルの枠のすぐ下に表示されます（画面6）。

▼画面6　数値の5が出力された

## 終わり方と再び始める手順

　Jupyter Notebookの基本的な使い方は以上です。あわせて、終了する方法と、終了したあとに再びプログラミングを始める方法も知っておきましょう。

　Jupyter Notebookを終了するには、まずはノートブックを閉じます。メニューバーの［File］→［Close and Shut Down Notebook］をクリックしてください（画面7）。

▼画面7　［File］→［Close and Shut Down Notebook］をクリック

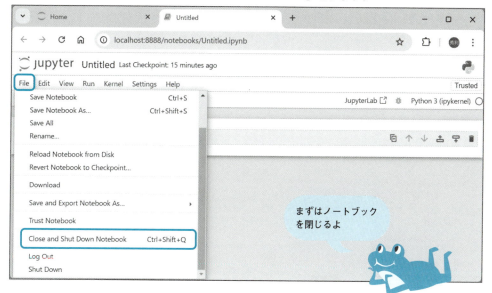

ノートブックを閉じたら、ホーム画面（「Home」タブ）を閉じます。メニューバーの［File］→［Shut Down］をクリックしてください（画面8）。

▼画面8　ホーム画面で［File］→［Shut Down］をクリック

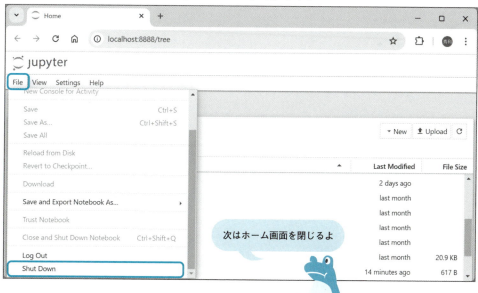

これで、起動の際に別途で開いたコマンドプロンプトのような画面が閉じ、Jupyter Notebookが停止します。あとはホーム画面である「Home」タブを閉じればOKです。「Home」タブは停止後に自動で閉じないので、自分の手で閉じる必要があります。

　終了したのち、再びJupyter Notebookを使うには、先ほど解説したように［スタート］メニューからJupyter Notebookを起動してください。ホーム画面が開くので、ノートブックの一覧から、「Untitled」など目的のノートブックをダブルクリックしてください（画面9）。

▼**画面9　ホーム画面の一覧で、目的のノートブックをダブルクリック**

　すると、そのノートブックが別タブで開き、プログラミングが再び行えるようになります。

# 学習の全体的な流れとChatGPTのコツ

本章では、本書でPythonを学ぶオリエンテーション的に、どの項目をどの順番で学ぶのかの大まかな流れと、そのなかでChatGPTをどう活用するのかを解説します。さらにはChatGPTの質問のコツも紹介します。

# 2-1 Pythonのどの項目をどの順番で学んでいけばいい?

## まずはChatGPTに聞いてみよう

本章では、Pythonのどの項目をどの順番で学んでいくのか、本書における学習の全体的な流れを提示します。あわせて、ChatGPT活用のコツも順次紹介していきます。

まずは学習の全体的な流れを提示するに先立ち、ChatGPT活用のコツをひとつ紹介します。お手元のChatGPTにて、以下のプロンプトを入力・送信してください。

> **プロンプト1**
>
> あなたはPythonの講師です。私はPythonの初心者です。プログラミング自体も未経験です。Pythonで何ができるのか、簡単に教えてください。

筆者の環境では、次の画面のような回答が得られました。なお、読者のみなさんのお手元で得られた回答は、細かい内容や表現などが多少異なっていることでしょう。異なっていても、全体的な内容はほぼ同じはずなので、次の画面1とあわせて、そのまま読み進めていっていってください。以降の節、章でも同様です。

▼**画面1　ChatGPTから得られた回答の例**

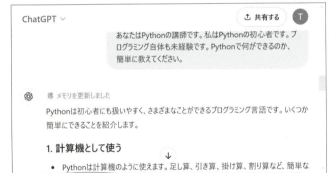

〜中略〜

ChatGPTに聞いたら、こんな答えが返ってきたよ

Pythonのどの項目をどの順番で学んでいけばいい？ **2-1**

このプロンプトで質問しているのは、最後の一文「Pythonで何ができるのか、簡単に教えてください。」です。Pythonでできることを ChatGPT に聞いていることになります。

それに対する回答が画面1のように得られました。計算機として使ったり、データ分析に使ったりするなど、Pythonでできることが箇条書きの形式で回答されています。サンプルのコードも、画面1では見えていませんが、スクロールすれば、黒い背景の箇所に掲載されています。

この回答の内容はともかく、送信したプロンプトについて、以下のコツを使っています。

● ChatGPT に役割を与える

プロンプトの最初に「あなたはPythonの講師です。」という一文を入れており、ChatGPT に「Pythonの講師」という役割を与えます。ChatGPTは役割を与えることで、その役割に応じて適切な回答をより得られやすくなります。そのため、最初に役割を与えることは有効です。

● 回答のレベルを指定する

プロンプトの2～3つめの一文は「私はPythonの初心者です。プログラミング自体も未経験です。」としています。このように回答を得る側の立場のレベル感もあわせて最初に指定しておくと、それに応じた回答がより得られやすくなります。

また、最後も「簡単に教えてください。」のように、「簡単に」と付け加えることで、より初心者向けの回答を得られやすくしています。

## ChatGPTの回答のレベル感をもっと下げる

もっとも、このコツの2つ目については、最初のうちは自分の望んだレベル感の回答がなかなか得られないものです。内容や表現が難しいと感じたら、もっとわかりやすく説明してもらうよう、プロンプトを送信するとよいでしょう。例えば、以下のプロンプトを送信したとします。

### プロンプト2

小学生でも理解できるよう、もっと簡単に教えてください。

筆者環境で得られた回答は以下です（画面2）。

## 2-1 Pythonのどの項目をどの順番で学んでいけばいい？

▼**画面2　より簡単になるように調整した回答の例**

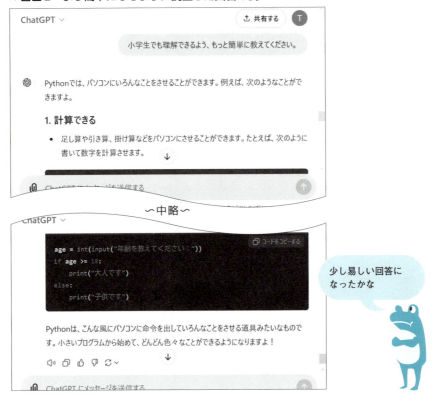

先ほどのプロンプト1の回答に比べて、解説の文章の表現などがいくぶん易しくなりました。

上記プロンプトでは、もっとわかりやすく説明してもらうよう、「小学生でも理解できるよう」や「もっと簡単に」というフレーズを用いましたが、もちろん、同じ意味なら別のフレーズでも構いません。

また、上記プロンプトには、「Pythonで何かできるのか」や「Pythonでできること」などというフレーズは入っていませんが、前の質問の文脈から、ChatGPTが自動で「Pythonでできることをまた聞いているんだな」と判断し、このような回答を返してくれたのです。

そして、回答のレベル感については、これでもまだ難しいと感じたなら、さらに簡単な回答になるよう、追加でプロンプトを送信します。これらを繰り返すことで、自分の望むレベル感に調整していくとよいでしょう（図1）。

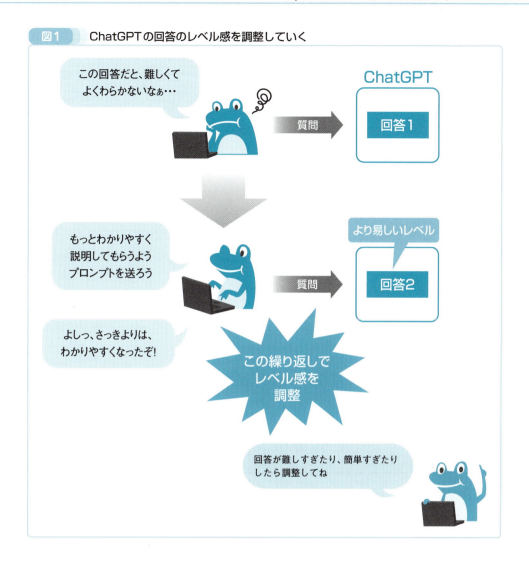

図1　ChatGPTの回答のレベル感を調整していく

　もっとも、現時点では筆者環境で試した限り、簡単のレベル感はある程度のところで高止まりしてしまい、プログラミング自体が未経験のPython初心者には、少し難しい回答しか得られない印象です。レベル感の調整も、ある程度のところまで繰り返したら、その時点でやめるのが効率的でしょう。

　また、レベル感の調整は質問ごとに行うとベターですが、そのぶん手間と時間がかかります。その手間や時間と、自分の望むレベル感の回答がどこまで得られているか、バランスを見ながら調整を行うとよいでしょう。

# 2-2 本書におけるPython学習の全体的な流れ

## とりあえずChatGPTに聞いてみよう

　本節では、Pythonのどの項目をどの順番で学んでいくのか、本書における学習の全体的な流れを提示します。

　第1章1-2節で既に述べたように、ChatGPTは現時点では残念ながら、プログラミング自体が未経験のPythonの初心者がどの項目をどの順番で学べばよいのかなど、全体を通してわかりやすく教えることは苦手であると筆者は考えています。

　ここで試しに、どの項目をどの順番で学べばよいのか、ChatGPTに聞いてみましょう。ここでは、以下のプロンプトを送信するとします。

---
**プロンプト1**

Pythonの初心者は何をどの順番で学ぶべきか教えてください。

---

　筆者環境では、画面1のような回答が得られました。繰り返しになりますが、読者のみなさんのお手元では、表現などが異なる回答が得られるかと思いますが、内容はほぼ同じのはずです。

## ▼画面1　プロンプト1の回答として得られた学ぶべき項目と順番

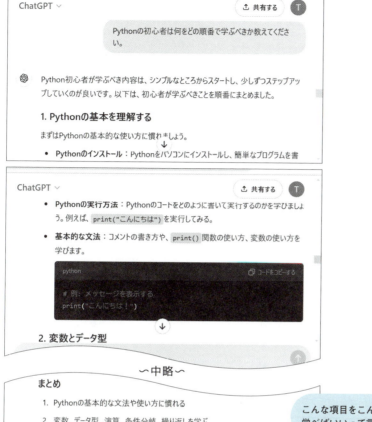

　プロンプト1の回答の最後に「まとめ」として、学ぶべき項目と順番が箇条書きで載っています。その箇所を抜粋したのが以下です。

> **抜粋**
> 1. Pythonの基本的な文法や使い方に慣れる
> 2. 変数、データ型、演算、条件分岐、繰り返しを学ぶ
> 3. リストや辞書を使ってデータをまとめる
> 4. 関数を使ってプログラムを整理する
> 5. 最後に、外部ライブラリやプロジェクトに挑戦

初心者が学ぶべき項目は確かにこれで、漏れなく一通り網羅されています。順番も最初の方は概ねこの通りで問題ないでしょう。なお、「変数」をはじめ、Pythonおよびプログラミングの初心者が初めて目にするような用語がたくさん登場していますが、これらは次章以降で順次解説しますので、そのまま読み進めていってください。

しかし、やはりと言いますが、「Pythonは初心者だが、過去に何かしらのプログラミング言語を経験した人」向けになっており、プログラミング自体が未経験のPython初心者は少々ハードルが高いと筆者は考えています。

その理由ですが、優先すべき項目とそうでない項目が整理されておらず、範囲が広すぎるので、プログラミング自体が未経験のPython初心者には厳しいからです。また、学ぶ順番も含め、後半をもっと絞り、並べ替えた方が初心者にはわかりやすいと筆者は考えています。

ちなみに、プロンプト1の「教えてください。」の前に「簡単に」を挿入し、「Pythonの初心者は何をどの順番で学ぶべきか簡単に教えてください。」というプロンプトを送信しても、説明の文章の量が少し減って表現が平易になる程度です。プログラミング自体が未経験のPython初心者にとってのハードルの高さはほぼ変わりません。

## 「プログラミング自体が未経験」の視点も加える

プロンプト1の回答のようなPythonで学ぶべき項目と順番が、初心者に少々ハードルが高いのは、「プログラミング自体が未経験」という視点があまり入っていないからです。前節にて、ChatGPTへ最初に送信したプロンプトでは、プログラミング自体が未経験という旨を盛り込んだのですが、残念ながら現時点では、すぐには回答に反映されないようです。

ここで、Pythonだけに絞らず、プログラミング全般の基礎をChatGPTに聞いてみましょう。以下のようなプロンプトを送るとします。

> **プロンプト2**
>
> プログラミングの基礎を小学生にもわかるように教えてください。

このプロンプト2も「小学生にもわかるように」と、より噛み砕いて説明した回答になるようなフレーズを盛り込んでいます。

筆者環境で得られた回答は以下です。少し長くなりますが、ほぼすべての画面を載せます（画面2）。

本書における Python 学習の全体的な流れ 2-2

▼**画面2　プロンプト2の回答として得られたプログラミングの基礎**

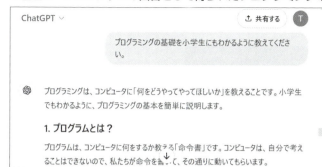

### 2. 命令を順番に書く

プログラミングでは、命令を順番に書いていきます。たとえば、以下のように順番に命令を書けば、コンピュータはその通りに動きます。

このプログラムでは、最初に「おはよう」と表示して、その次に「こんにちは」と表示します。

### 3. 変数を使う

変数は、情報を入れる「箱」のようなものです。たとえば、名前や年齢を一時的に保存しておけます。

### 4. もし〜なら（条件分岐）

「もしこうなら、こうしてね」という命令を書くこともできます。たとえば、天気が晴れなら「外で遊ぼう」、雨なら「家の中で遊ぼう」という命令ができます。

### 5. 繰り返し（ループ）

同じことを何回も繰り返す命令もできます。例えば、「こんにちは」を5回表示させるプログラムを書いてみましょう。

```python
for i in range(5):
    print("こんにちは")
```

ここでは、「こんにちは」が5回繰り返し表示されます。繰り返しは、同じことを何度もやりた

プロンプト2の回答の項目だけを抜粋したのが以下です。

> **抜粋**
> 1. プログラムとは？
> 2. 命令を順番に書く
> 3. 変数を使う
> 4. もし〜なら（条件分岐）
> 5. 繰り返し（ループ）
> 6. リストを使う
> 7. 関数を使う

　プロンプト1の回答の「1. Pythonの基本的な文法や使い方に慣れる」は、プロンプト2の回答の「1. プログラムとは」「2. 命令を順番に書く」が前提知識となります。この2つの項目——特に「2. 命令を順番に書く」——が、プログラミング未経験者がPythonを学ぶ上で、最初に大切となるポイントです。このプログラミングの基礎を把握していないのに、いきなりPythonの文法やルールを学んでも、プログラミング自体が未経験のPython初心者にはチンプンカンプンになってしまうでしょう。次節で改めて解説します。

　プロンプト1の回答の「変数、データ型、演算、条件分岐、繰り返しを学ぶ」は、画面2の「3. 変数を使う」〜「5. 繰り返し（ループ）」に該当します。以下の項目も同様に続きます。

　ChatGPTのコツとして、プロンプト1の回答のように、最初に送信した質問の答えがいまひとつわかりづらかったら、プロンプト2のように、一歩だけ根本に立ち返った質問を改めて送信するのも手です。

　どういうことかというと、Pythonはあくまでもプログラミング言語の一つです。プログラ

本書におけるPython学習の全体的な流れ **2-2**

ミング言語とは、プログラミングを行うための言語です。そこで、Pythonからプログラミングという根本に一歩立ち返り、「プログラミングの基礎」を質問することで、より初心者に親切な回答が得られました。

このコツを実践するには、ChatGPTに慣れない間は難しいと思いますが、単に「もっと易しく」などのフレーズを入れるだけでなく、このようなコツによっても、レベル感を調整できることだけは、覚えておくとよいでしょう。

## 本書におけるPython学習の全体的な流れのまとめ

本書におけるPython学習の全体的な流れは、プロンプト2の回答の項目をベースにします。文法・ルールなどPythonのプログラムの書き方を解説するのですが、前提知識となるプログラミングも同時に解説します。

「1. プログラムとは？」は「2. 命令を順番に書く」とあわせて解説します。まずはプログラミングの基礎の基礎となる考え方だけを学びます。

「7. 関数を使う」は、詳しくはのちほど改めて解説しますが、本書では初歩的な使い方のみにとどめるとします。そして、その関数の初歩的な使い方は、「2. 命令を順番に書く」に続く流れの中で解説します。

「変数」も重要な仕組みです。本書では、関数の学習のなかで、変数もあわせて学ぶとします。

そして、プロンプト1の回答に登場した「ライブラリ」も、Pythonでは重要です。このライブラリは大まかには、関数と同じ種類の仕組みです。その基礎を関数の次の第5章で解説します。

また、プロンプト1の回答の「2. 変数、データ型、演算、条件分岐、繰り返しを学ぶ」にある「データ型」と「演算」も初心者が押さえておきたい知識ですが、プロンプト2の回答には含まれていませんでした。本書では、「データ型」と「演算」は変数とあわせて第4章で解説するとします。

「6. リストを使う」は、基礎の基礎を第5章で、基礎を第8章で学ぶとします。一般的にはそれほど高度とは言われていない内容ですが、プログラミング自体が未経験のPython初心者には、一度にすべて学ぶのはハードルが高いと筆者は考えているので、分けて学ぶとします。

以降はプロンプト2の回答と同じとします。プロンプト1の回答の「4. もし～なら（条件分岐）」、「5. 繰り返し（ループ）」を順に学んでいきます。最後にリストの基礎を学びます。

以上をまとめると、本書におけるPython学習の全体的な流れは以下になります。プロンプト2の回答の項目抜粋に、解説を行う章を併記して当てはめたものです。さらにデータ型と演算、ライブラリを追記しています。

1. プログラムとは？ 　　　　　第3章
2. 命令を順番に書く 　　　　　第3章
3. 変数を使う 　　　　　　　　第4章
　　（データ型と演算も含む）

4. もし〜なら（条件分岐）　　　　第6章
5. 繰り返し（ループ）　　　　　　第7章
6. リストを使う　　　　　　　　　基礎の基礎は第5章、基礎は第8章
7. 関数を使う　　　　　　　　　　第4章
　　（ライブラリ）　　　　　　　　第5章

　これがChatGPTの回答をベースに筆者が考えた、Python学習の流れです。プログラミング自体が未経験のPython初心者にとって、理解しやすい流れとなっています。次章から学んでいきましょう。

　第1章1-2節で提示したとおり、ChatGPTは各論の担当として活用し、なおかつ、Jupyter Notebookで実際にコードを書いて実行しながら学んでいきます。その際、各論について文法・ルールなどをChatGPTに随時質問しますが、回答が初心者にわかりづらい場合、筆者が適宜補足します。また、次章以降で実際に体験していただきますが、ChatGPTの回答の中にはほぼ必ずサンプルコードも含まれますので、それらをJupyter Notebookで記述・実行していきます。

## コラム

### ChatGPTは時々もっともらしい嘘をつく

　ChatGPTでよく言われるのが、「もっともらしい嘘をつく」ということです。確かに質問の内容によっては、もっともらしい嘘の回答を返す場合が時々あります。そういった現象はChatGPTの仕組み上、ある程度は避けられないものです。専門用語で「ハルシネーション」と呼ばれます。ChatGPTに限らず、生成AI全般に見られる現象です。

　もっとも、初心者が学ぶ範囲のPythonに関しては、筆者が試した限り、ChatGPTがもっともらしい嘘の回答を返したことは見られませんでした。傾向として、最新の情報を答えて欲しい場合は、もっともらしい嘘の回答を返す可能性が比較的高いのですが、初心者が学ぶ範囲のPythonの内容は昔から変わらないものばかりなので、もっともらしい嘘の回答を返す可能性が低いと筆者は考えています。

　ただし、第8章で解説しますが、初心者が学ぶ範囲のPythonの内容でも、もっともらしい嘘ではないのですが、適切ではない回答を返すケースがあります。回答が適切かそうでないかは、初心者が判断することは非常に困難ですが、そういった回答を返すケースがありえることだけ、頭の片隅に入れておくとよいでしょう。

# 第 3 章

# 最初にプログラミングの大原則を学ぼう

　本章では、プログラミングの基礎として、プログラムとは何かということと、「命令を順番に書く」について学びます。特に後者はプログラミングの大原則であり、Pythonを学んでいく上でのベースとなる内容なので、しっかりと身につけましょう。

# 3-1 プログラムとは？

## ● プログラムとは、"命令文"の集まり

　前章（第2章）の最後に、本書におけるPython学習の全体的な流れを提示しました。本章から順番に学んでいきます。

　本章では、1つ目の「プログラムとは？　命令を順番に書く」について学びます。特に「命令を順番に書く」はプログラミングの大原則と呼ぶべき内容であり、プログラミング未経験者が最初に学ぶべき重要な項目です。Pythonに限らず、すべてのプログラミング言語に共通する根幹的な仕組みです。

　まずは本節にて、「プログラムとは？」を解説します。

　ここで、第2章2-2節のプロンプト2「プログラミングの基礎を小学生にもわかるように教えてください。」の回答（52ページ）の冒頭の「1. プログラムとは？」の部分を改めて提示します（画面1）。

▼**画面1**　ChatGPTの回答例によるプログラミングの基礎

　この回答に記載されているように、プログラミングとは、コンピューターに対して、「何をどうやってほしいのか」を教えてあげることです。

　そして、同じくこの回答に記載されているとおり、プログラムとは、コンピューターに何をするのかを教える"命令書"です。人間が命令を書き、コンピューターにはその通りに動いてもらいます。

58

プログラムについて、もう少し詳しく解説します。プログラムの正体——命令書の中身——は、"命令文"の集まりです。命令文とは、コンピューターに実行して欲しい一つひとつの操作や処理（＝命令）を文のかたちで記したものです。

例えば、次の図1のようなイメージで命令文が複数並んで記されます。フォルダーの作成からファイルのコピー、圧縮、削除という一連の処理の命令文が並んで記されています。こういった命令文の集まりがプログラムの正体なのです。

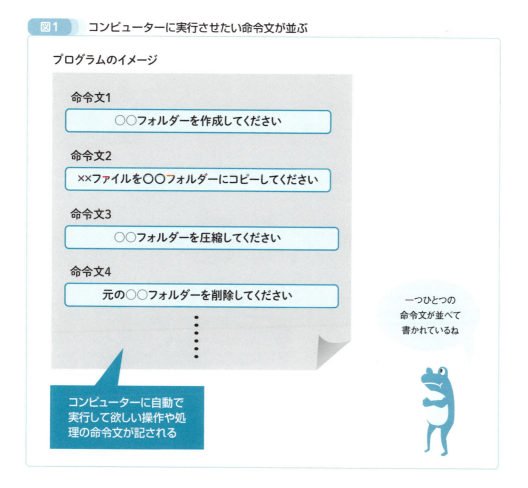

図1　コンピューターに実行させたい命令文が並ぶ

## 「プログラミング」って結局どういうこと？

プログラムの中身である命令文は人間向けの言葉ではなく、コンピューターにわかる言葉で書く必要があります。そのための専用の言葉がプログラミング言語です。そして、プログラミング言語を使って、プログラムを書いて作る行為のことが「プログラミング」なのです。命令文のことは一般的に「コード」と呼ばれます。

プログラミング言語にはさまざまな種類があり、その一つがPythonです。Pythonで書かれた命令文のイメージが次の図2です。

## 3-1 プログラムとは？

**図2** コンピューターにわかる言葉（Python）で命令文を書く

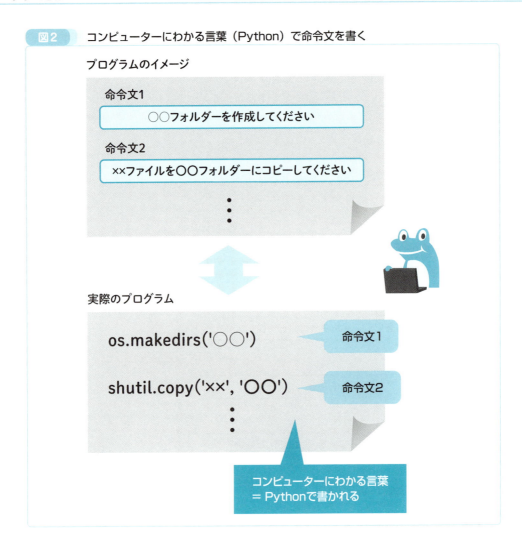

　図2の「実際のプログラム」はPythonのコードの例ですが、英単語や記号の組み合わせで書かれており、何やら呪文のような命令文に見えることでしょう。コンピューターにわかる言葉で書かれているため、人間には一見意味不明ですが、人間でも文法やルールがわかっていれば、自分で読んだり書いたりできるようになります。

　図2の例の命令文はよく見ると、例えば「copy」という語句があります。一般的には「コピーする」という意味の英単語であり、Pythonにおいても、何かをコピーする処理の命令文に用いられる語句です。

　このようにコンピューターにわかる言葉とはいえ、人間にもある程度はわかるような文法・ルールになっています。文法・ルールはプログラミング言語の種類によって異なるのですが、第1章1-1節でも述べたように、Pythonは他のプログラミング言語に比べて、文法・ルールがシンプルで、初心者にわかりやすいのが強みです。そして、Pythonの文法・ルールを覚えると、Pythonでプログラムを書けるようになるのです。

# 3-2 プログラミングのキホンは「命令を順番に書く」

## ● ツボは「命令文を上から並べて書く」

　ここで、第2章2-2節のプロンプト2「プログラミングの基礎を小学生にもわかるように教えてください。」の回答（52ページ）の冒頭の「2. 命令を順番に書く」の部分を改めて提示します（画面1）。

▼画面1　回答として得られた「命令を順番に書く」

この回答例には、2つの命令文が書いてあるね

　この回答に記されているように、プログラミングでは命令を上から順番に書いていきます。命令はプログラミング言語を使い、命令文として記述します。そして、書いたプログラムを実行すると、上から順に命令文が実行されていきます。
　ここで、「命令を順番に書く」をChatGPTにもう少し詳しく聞いてみましょう。以下のプロンプトを送信するとします。

### プロンプト1
「命令を順番に書く」について、もう少し詳しく説明してください。

　得られた回答の例は画面2です。第2章2-1節でも解説しましたが、恐らく読者のみなさんのお手元のChatGPTでは、画面2とは表現などが全く同じではないと思いますが、全体的な内容は同じになるはずなので、そちらもあわせてお読みください。以降の節、章でも同様です。

▼画面2　「命令を順番に書く」についてのより詳しい解説

## 3-2 プログラミングのキホンは「命令を順番に書く」

次のようなPythonのコードを見てみましょう。

```python
print("おはようございます")  # 1つ目の命令
print("今日はいい天気ですね")  # 2つ目の命令
print("さようなら")  # 3つ目の命令
```

このプログラムは、3つの命令が書かれています。それぞれの命令は「`print()`」という関数を使って、メッセージを表示するようにしています。このコードが実行されると、以下のように順番にメッセージが画面に表示されます。

```
おはようございます
今日はいい天気ですね
さようなら
```

### 命令が順番に実行される仕組み

プログラムでは、最初に書かれた命令が最初に実行され、その後、次に書かれた命令が続けて実行されます。コンピュータは、常に「上から下へ」プログラムを読んで動作します。これを「逐次実行」といいます。

たとえば、以下のコードは違った順番で書かれています。

```python
print("さようなら")  # 1つ目の命令
print("おはようございます")  # 2つ目の命令
print("今日はいい天気ですね")  # 3つ目の命令
```

この場合、結果はこうなります。

```
さようなら
おはようございます
今日はいい天気ですね
```

このように、命令の順番が変われば、プログラムの結果も変わるということです。

この「上から」が大事だよ！

〜中略〜

### まとめ

「命令を順番に書く」というのは、プログラムが上から順に実行されるという基本ルールです。この順番をしっかり守ることで、思い通りにコンピュータを動かすことができるようになります。プログラミングでは、どの順番で命令を与えるかが非常に重要です。

　この回答に記されているように、プログラムを作る際、一つひとつの命令文を実行させたい順番に、上から並べて書いていきます。この「上から並べて書く」が大切なツボであり、プログラミングの大原則でもあります。作ったプログラムを実行すると、命令文が書かれている順番で上から実行されていきます（図1）。

プログラミングのキホンは「命令を順番に書く」 **3-2**

**図1** 命令文を上から並べて書けば、上から順に実行される

プログラムを作る

プログラムを実行

プログラム＝"命令書"

実行

命令文1

命令文2

命令文3

上から並べて書く

上から順に実行される

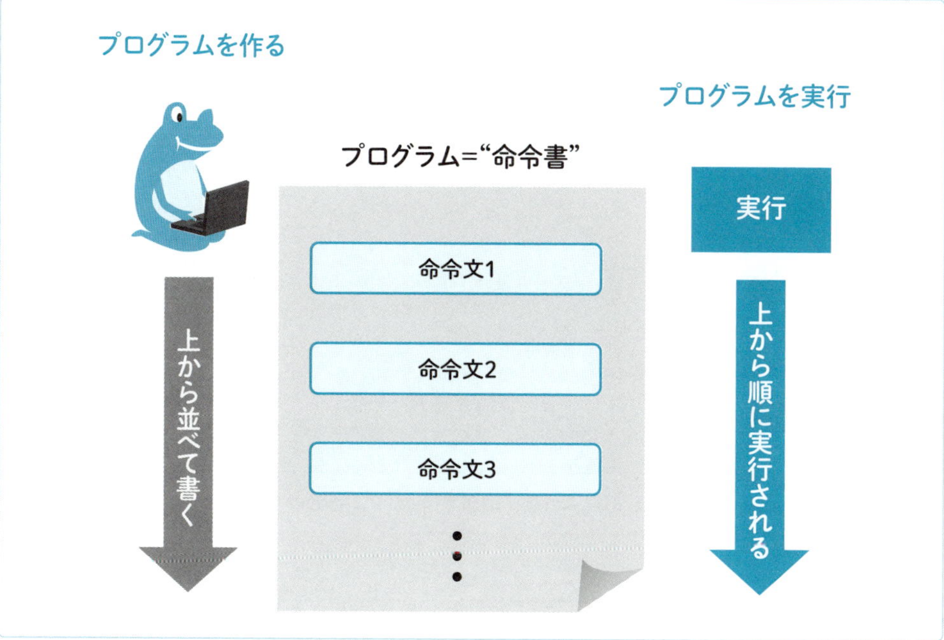

画面2の回答には、「具体的な例」に続けて、「命令を順番に書く」のサンプルコードが載っています。載っている場所は、黒背景の角丸四角形の枠（以下、黒枠）の中であり、ちょうど3行ぶんのコードが書かれています。黒枠の左上の「Python」と記されているとおり、プログラミング言語はPythonで書かれています。そのプログラムのコードは以下です。

**コード**

```
print("おはようございます") # 1つ目の命令
print("今日はいい天気ですね") # 2つ目の命令
print("さようなら") # 3つ目の命令
```

このサンプルコードは、このような意味の3つの命令文が書かれたプログラムになります。「#」以降に書いてあるとおり、1つ目から3つ目の命令文が3行に渡って書かれています。

これらのコードで使われているPythonの文法・ルールは、このあと追って順に解説していきますので、ここでは各コードの処理内容および意味だけを以下に挙げます。以下の「出力」とは、「文字列などを画面上に表示する」と捉えればOKです。

**コードの意味**

「おはようございます」を出力
「今日はいい天気ですね」を出力
「さようなら」を出力

このサンプルコードを実行すると、3つの命令文が上から順に実行されていきます。すると、画面2にあるように、「おはようございます」、「今日はいい天気ですね」、「さようなら」の順で出力されます（図2）。

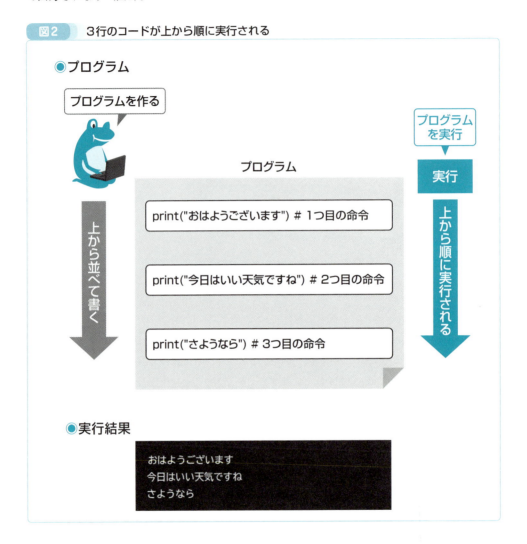

図2　3行のコードが上から順に実行される

このサンプルコードでは、3行のコードが上から順に書かれており、上から順に実行されて、このような実行結果が得られました。まさに先述のプログラミングの大原則のとおりです。

プログラミング未経験のPython初心者は、まずはこのプログラミングの大原則を覚えましょう。先述のとおり、この大原則はPythonに限らず、どのプログラミング言語にも共通します。

また、ChatGPT活用のコツとして、最初に得られた回答が説明不足だと感じたら、今回の例のように、より詳しく質問してみるとよいでしょう。

**開発環境で「命令を順番に書く」を体験！**

　続けて、先ほど得たChatGPTの回答に載っていたサンプルコードを、お手元の開発環境で試してみましょう。第1章で解説したとおり、実際にコードを自分で書いて、実行して試すことは、Pythonの理解を深めるうえで実に有効です。

　それでは、お手元のJupyter Notebookにて、第1章1-5節（38ページ）で作成したノートブックのセルに、先ほどの3行のサンプルコードを入力しましょう。

コード
```
print("おはようございます") # 1つ目の命令
print("今日はいい天気ですね") # 2つ目の命令
print("さようなら") # 3つ目の命令
```

　手入力してもよいのですが、ChatGPTの回答内の黒枠の右上にある［コードをコピーする］をクリックすると、クリップボードにコピーされます。コピーすると、［コードをコピーする］の表示が［コピーしました！］に一瞬変わります（画面3）。

▼画面3　ChatGPTの［コードをコピーする］でサンプルコードをコピー

カンタンにコピーできるよ

　コピーしたサンプルコードは、そのままJupyter Notebookのセルに貼り付けることができます。サンプルコードをJupyter Notebookのセルに貼り付けて入力し終わった状態が画面4です。

　もし、お手元のChatGPTの回答で上記のサンプルコードが得られなかったら、お手数ですが、すべて手入力してください（以下同様です）。

## 3-2 プログラミングのキホンは「命令を順番に書く」

▼**画面4** サンプルコードをJupyter Notebookのセルに入力

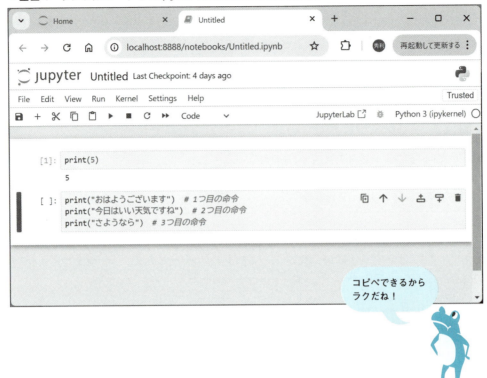

　サンプルコードを貼り付けられたら、[▶]ボタン([Run this cell and advance]ボタン)をクリックして実行してください。すると画面5のように、3つの文言「おはようございます」、「今日はいい天気ですね」、「さようなら」の順で出力されます。

　なお、もしエラーが発生してしまったら、サンプルコードをすべて漏れなく正しくコピー＆貼り付けできているか、チェックしてください。もし、コピー＆貼り付けではなく、すべて手打ちで入力したなら、スペルミス、括弧やダブルクォートの書き忘れなどがないかチェックしましょう。そして、コードが誤っている箇所を発見したら、正しく修正したのち、改めて実行してください。また、エラーについては、本章末コラムも参考にしてください。

▼画面5　3つの文言が順に出力された

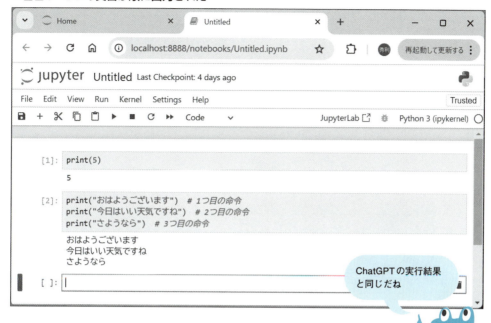

　いかがでしょうか？　図2に解説したように、3つの命令文が書かれた順番に、上から実行されたことが、お手元の開発環境で実際に体験したことで実感できたでしょうか？　これがプログラミングの大原則の簡単な実例です。何はともあれ、まずはこの大原則をしっかりと理解しましょう。

## コラム

### ChatGPTの回答は図解入りにもできる

　ChatGPTの回答はテキストだけではなく、絵を含めることもできます。Pythonに関する質問でも、図の絵を交えてもらうことも可能です。その場合、図解してほしい旨のフレーズをプロンプトに交えればOKです。例えば、本節で学んだ「命令を順番に書く」について、以下のプロンプトを送信したとします。

> プロンプト
> 「命令を順番に書く」を図解入りで解説してください。

　筆者環境で得られた回答が次の画面です。冒頭部分と得られた図解のみを抜粋しています。

## 3-2 プログラミングのキホンは「命令を順番に書く」

▼画面 「命令を順番に書く」の図解

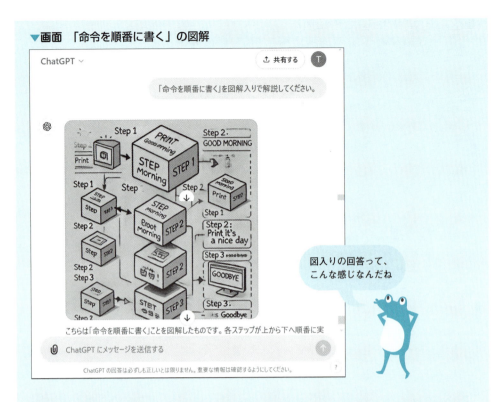

　残念ながらこの図解は、プログラミング初心者には、かなりわかりづらいと筆者は考えており、本書では解説に採用しませんでした。次章以降でも別の文法・ルールで試したところ、わかりやすい図解は得られなかったので、解説に採用していません。

　しかし、図解自体は理解しやすさを高めるのに大変有効です。読者のみなさんが今後、Pythonについて、ChatGPTの助けを借りながら、本書の内容を超えてもっと深く広く学んでいく際、ChatGPTに図解入りで答えてもらうように質問すれば、わかりやすい図解が得られる場合もあるので、適宜利用するとよいでしょう。また、ChatGPTは進化が非常に早いので、近い将来、わかりやすい図解が得られるようになると筆者は予想しています。

# 3-3 「命令を順番に書く」の理解をもっと深めよう

## ● 命令文を並べ替えるとどうなる？

　本節では、前節で学んだプログラミングの大原則「命令を順番に書く」について、より理解を深められるよう、追加で解説します。

　まずは、先ほどのサンプルコードで、命令文の並び順を変えてみましょう。ここでは下記のように、3つ目の命令文「print("さようなら") # 3つ目の命令」を一番目に移動するとします。では、お手元のJupyter Notebookにて、コピー＆貼り付けを利用しつつ、3つ目の命令文を一番目に移動してください。

▼変更前

コード

```
print("おはようございます") # 1つ目の命令
print("今日はいい天気ですね") # 2つ目の命令
print("さようなら") # 3つ目の命令
```

↓

▼変更後

コード

```
print("さようなら") # 3つ目の命令
print("おはようございます") # 1つ目の命令
print("今日はいい天気ですね") # 2つ目の命令
```

　移動できたら［▶］ボタンをクリックして実行してください。実行結果は画面1です。

## 3-3 「命令を順番に書く」の理解をもっと深めよう

▼**画面1　3つ目の命令文を一番目に移動した実行結果**

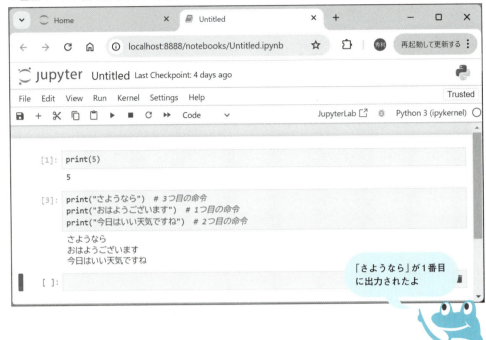

　命令文を並び替える前の実行結果である前節の画面5では、「おはようございます」、「今日はいい天気ですね」、「さようなら」の順で出力されました。本節にて、3つ目の命令文「print("さようなら") # 3つ目の命令」を一番目に移動したあとは、画面1のように、「さようなら」、「おはようございます」、「今日はいい天気ですね」の順で出力されます。

　3つ目の命令文「print("さようなら") # 3つ目の命令」を一番目に移動したため、「さようなら」が一番目に出力されたのです。残り2つの命令文の並び順は変更していないので、前節の画面5と同じく、「おはようございます」、「今日はいい天気ですね」と続けて出力されます。

　このように命令文の並び順を変えれば、その順で実行されます。命令を順番に書き、実行すると、その順番で実行されるというプログラミングの大原則に沿っています。

### 「命令を順番に書く」って、結局何が大切なの？

　前節からここまで、「命令を順番に書く」はプログラミングの大原則と強調してきましたが、結局何が大切なのでしょうか？　それは、この原則をしっかりと理解していないと、自分の意図したとおりに動くプログラムを作れない、ということです。

「命令を順番に書く」の理解をもっと深めよう **3-3**

一体どういうことなのか、例を挙げて解説します。例として、以下の操作を自動化するプログラムを作るとします。

「doc」という名前のフォルダーを新規作成し、ファイル「メモ」をその「doc」フォルダーに移動する

この処理を実現するために必要な命令文は以下の2つです。

＜命令文1＞「doc」フォルダーを新規作成
＜命令文2＞ファイル「メモ」を「doc」フォルダーに移動

Pythonなどのプログラミング言語を使い、上記の2つの命令文をこの順番で記述すれば、目的の処理のプログラムを作れるでしょう。大原則に従い、＜命令文1＞と＜命令文2＞が上記の順番で書かれていれば、上から順に実行されます。

すると、まずは＜命令文1＞として、「doc」フォルダーを新規作成する処理が実行され、その次に＜命令文2＞として、ファイル「メモ」をその「doc」にフォルダーに移動する処理が実行されます。よって、目的の自動化を果たせます。

これがもし、2つの命令文の順番が入れ替わり、次のようにプログラムを書いたと仮定します。

＜命令文1＞ファイル「メモ」を「doc」フォルダーに移動
＜命令文2＞「doc」フォルダーを新規作成

この順番で命令文を記述してしまうと、最初に＜命令文1＞として、ファイル「メモ」を「doc」フォルダーに移動する処理が実行されます。その次に＜命令文2＞として、「doc」フォルダーを新規作成する処理が実行されます。

すると、移動先である「doc」フォルダーが新規作成される前に、命令文1によってファイル「メモ」を「doc」フォルダーに移動することになります。移動先の「doc」フォルダーが存在しないにもかかわらず、ファイル「メモ」を移動しようとするため、エラーになってしまい、自分の意図したとおりに動くプログラムを作れません（図1）。

## 3-3 「命令を順番に書く」の理解をもっと深めよう

**図1** 2つの命令文の順番を入れ替えるとエラーになる

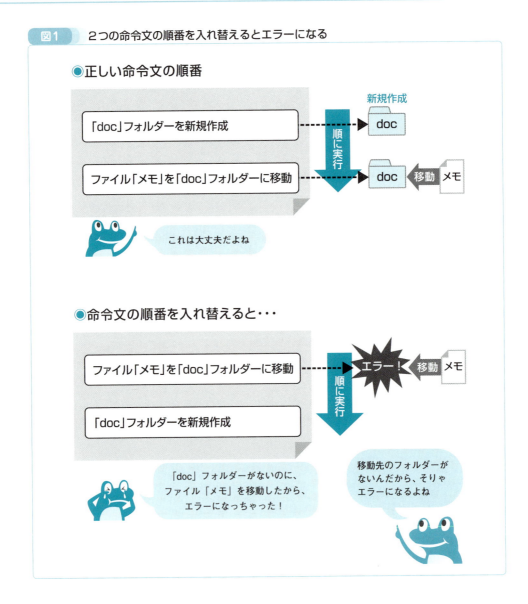

　このように、一つひとつの命令文自体は問題なくても、書かれている順番が不適切だと、自分の意図したとおりに動くプログラムを作れなくなってしまいます。このような理由により、「命令を順番に書く」というプログラミングの大原則は大切なのです。

　もしかしたら、読者のみなさんの中には、「そんな当たり前のことをスゴく重要そうに言って、大げさだなぁ！」と思った方がいるかもしれません。先ほどの例はごくごく単純なのでそう感じてしまうのも仕方ないと思いますが、命令文の数が増え、一つひとつの命令文自体も長く複雑さが増してくると、適切な順番がわかりづらくなるなどから、「命令を順番に書く」の大切さがより増してくるものです。単純な大原則だからといって、決しておろそかにしないよう注意しましょう。

　なお、実はChatGPTでも、筆者環境では、前節のプロンプト1「『命令を順番に書く』につ

いて、もう少し詳しく説明してください。」の回答の中に、上記解説とほぼ同じ内容が含まれていました。その回答は「変数」という、まだ読者のみなさんが学んでいない項目（第4章で学びます）が使われていたので、本書での解説には採用しませんでした。

しかし、ChatGPTの回答には、こういった有益な内容も含まれる場合が多いため、理解できる範囲で構いませんので、一読してみるとよいでしょう。途中でわからない用語などが登場したら、その都度ChatGPTに質問するとよいでしょう。

本章では、プログラミングの大原則について学びました。これは繰り返しになりますが、Pythonに限らず、すべてのプログラミング言語に共通することです。次章からは、文法・ルールなど、具体的なPythonのプログラムの書き方を学んでいきます。そのなかで、本節までのサンプルコードに何度も登場した「print」などの意味や使い方を学びます。

## コラム

### Pythonのコードを実行してエラーになったら

本章3-2節では、ChatGPTの回答に載っていたサンプルコードを、お手元の開発環境であるJupyter Notebookのセルにコピー＆貼り付けし、実行してみました。計3行の命令文から成るコードでした。さらに3-3節では、Jupyter Notebook上にて、そのサンプルコードの命令文の順番を入れ替えて実行することで、「命令を順番に書く」を体験しました。

その際、サンプルコードのコピー＆貼り付けや、命令文の順番の入れ替えの際に操作ミスがあると、Pythonの文法・ルールに反したコードになってしまい、実行するとエラーになってしまいます。

例えば、3-3節にて、3つ目の命令文「print("さようなら") # 3つ目の命令」を一番目に移動する際、誤ってコードの冒頭の1文字「p」が欠けてしまい、以下のようなコードになったとします。

コード
```
rint("さようなら") # 3つ目の命令
print("おはようございます") # 1つ目の命令
print("今日はいい天気ですね") # 2つ目の命令
```

実行すると、画面1のようなエラーになります。

**3-3** 「命令を順番に書く」の理解をもっと深めよう

▼**画面1　命令文の冒頭の「p」が欠けた際のエラー**

```
[9]:  rint("さようなら")  # 3つ目の命令
      print("おはようございます")  # 1つ目の命令
      print("今日はいい天気ですね")  # 2つ目の命令

      ----------------------------------------------------------------
      NameError                              Traceback (most recent call last)
      Cell In[9], line 1
      ----> 1 rint("さようなら")  # 3つ目の命令
            2 print("おはようございます")  # 1つ目の命令
            3 print("今日はいい天気ですね")

      NameError: name 'rint' is not defined
```

　また、二番目の命令文の冒頭に、誤って余計な半角スペースを入力してしまい、以下のようなコードになったとします。

**コード**

```
print("さようなら") # 3つ目の命令
 print("おはようございます") # 1つ目の命令
print("今日はいい天気ですね") # 2つ目の命令
```

　実行すると、画面2のようなエラーになります。

▼**画面2　命令文の冒頭に余計な半角スペースを入力した際のエラー**

```
[14]:  print("さようなら")  # 3つ目の命令
        print("おはようございます")  # 1つ目の命令
       print("今日はいい天気ですね")  # 2つ目の命令

        Cell In[14], line 2
          print("おはようございます")  # 1つ目の命令
          ^
      IndentationError: unexpected indent
```

　これらはほんの一例ですが、コードはたった1文字でも誤っている箇所があると、このようにエラーになってしまいます。もし、お手元のコードを実行してエラーになったら、誌面のコードと比べて、どこが違うのか、足りないのか、余計なものが入っていないのかチェックし、誌面のコードと一言一句違わないよう修正してください。

　また、第8章では、エラーの修正にChatGPTを活用する方法を紹介します。

# 「関数」「変数」の キホンを学ぼう

本章からは、Pythonの命令文の書き方を学んでいきます。まずは本章にて「関数」の基礎を学びます。あわせて、「変数」と「演算子」も学びます。いくつかの文法・ルールが登場するなど、学ぶ内容が多いので、一つひとつゆっくりと学習を進めてください。

# 4-1 命令文によく登場する「関数」とは

## 「関数」って何?

　前章までに登場したPythonのサンプルコードは、「print("おはようございます") # 1つ目の命令」などのように、命令文の中に「print」という語句が頻繁に登場しました。この「print」は、「関数」と呼ばれる種類の命令文です。

　関数とは、複数の処理をまとめて実行するための仕組みです。複数の一連の処理があらかじめ1つにまとめられており、命令文を1つ記述するだけで、それらの処理を実行できます。関数を使わないと、複数の処理のぶんだけ命令文を書いて実行させなければなりませんが、関数を使えば、その必要はありません。

　「print」は一般的には「print関数」と呼ばれます。機能は「データを出力する」です。言い換えると、数値や文字などのデータを画面に表示する処理です。

　実は単にデータを出力するだけといっても、コンピューターの内部ではいろいろな処理を行っており、複数の命令文を実行しています。それらの処理の命令文がprint関数にあらかじめまとめて記述されており、プログラマーはprint関数のコードを1行書くだけで済みます(図1)。

**図1　関数のイメージとメリット**

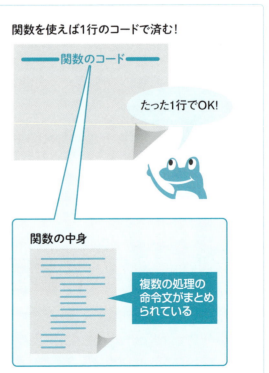

Pythonにはprint関数以外にも、さまざまな関数が用意されています。それらの関数は複数のカテゴリに分類されます。初心者がまず知っておきたいのが、次の2種類です。

・組み込み関数
・ライブラリの関数

両者の違いや基本的な使い方は、このあと本章で組み込み関数、次章でライブラリの関数を順次解説していきます。print関数は組み込み関数の一つです。

なお、組み込み関数とライブラリの関数の次に、初心者が知っておきたいのが「ユーザー定義関数」です。便利な仕組みなのですが、本書では誌幅の関係で、本章末（110ページ）のコラムで簡単に紹介するにとどめます。

また、「print("おはようございます") # 1つ目の命令 」などのサンプルコードには、「print～」のカッコの後ろに、「# 1つ目の命令」などと、「#」に続いて文言が書かれています。この「#」以降は「コメント」という仕組みです。関数とは別の仕組みです。4-6節で改めて解説します。

## 「組み込み関数」って何？

ここからは組み込み関数の基礎を解説します。

まずは手始めに、print関数をはじめ、どのような組み込み関数があるのか、ChatGPTに聞いてみましょう。ここでは、代表的な組み込み関数を3つだけ挙げてもらうとします。プロンプトと回答例は以下です（画面1）。

**プロンプト1**

代表的な組み込み関数を3つ教えてください。

▼**画面1　回答として得られた代表的な組み込み関数3つ**

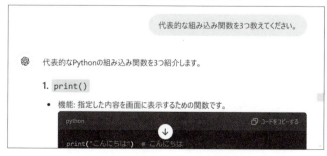

## 4-1 命令文によく登場する「関数」とは

この3つが組み込み関数の代表なんだね

　画面1の回答では、代表的な組み込み関数3つとして、print関数に加え、「len」関数と「type」関数が挙げられました。len関数は次々節で解説します。type関数も次々節のコラムで簡単に紹介します。

　なお、ChatGPTの回答では、関数名の後ろに「()」が付けられていますが、本書では付けないで表記するとします。また、この3つが組み込み関数の代表的なものかどうかは意見が分かれるところですが、ここではChatGPTの回答に順ずるとします。

　このように関数(組み込み関数)という新たに学ぶ仕組みについて、具体的にどんなものがあるのか、ChatGPTに質問することで把握できます。関数に限らず、新しい仕組みが登場した際は、具体例をChatGPTに聞くことは効果的です。

　ここで、ChatGPTのプロンプトのちょっとしたコツを紹介します。先ほどのプロンプト1では、「教えてください。」の前に「3つ」というフレーズを入れています。具体例を挙げる数を指定するフレーズです。

　ChatGPTは一般的に、プロンプト1のように数を指定しないと、あるぶんだけすべて挙げる傾向があります。膨大な数を挙げられてしまうと、読むだけでも大変であり、初心者にはわかりづらい回答になってしまいます。

　質問の目的が、具体例がいくつかわかればよく、すべて網羅する必要がないなら、数を指定するフレーズを入れるとよいでしょう。また、数を指定することとともに、重要度の高い順から挙げるよう限定するフレーズも効果的です。

### 組み込み関数の基本的な使い方を学ぼう

　次に、組み込み関数の基本的な使い方として、書式を解説します。組み込み関数は書式が決められており、それに従って命令文のコードを記述します。

　組み込み関数の基本的な書式をChatGPTに聞いてみましょう。送信したプロンプトは以下

です。回答の例は画面2です。

> **プロンプト2**
> 組み込み関数の基本的な書式を簡潔に教えてください。

▼**画面2　回答として得られた組み込み関数の基本的な書式**

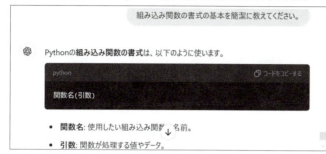

関数名もカッコも必ず半角で書いてね

画面2の回答で得られた組み込み関数の書式を下記に改めて提示します。

> **書式**
>
> 関数名（引数）

　この書式を解説します。まずは関数名を記述します。先述のとおり関数は複数種類があり、「print」など、それぞれ名前が付けられています。その関数名を必ず半角で記述します。全角だと実行した際、エラーになるので注意してください。

　関数名に続けて半角カッコ「()」を記述します。こちらも必ず半角で記述します。全角で記述するとエラーになるのですが、初心者は気づきにくいので気を付けましょう。もし実行してエラーになった際、関数名にスペルミスがなければ、カッコや関数名が全角になっていないかチェックするとよいでしょう。

　その半角カッコの中に「引数」(「ひきすう」と読みます) を記述します。引数とは、関数に与える"処理の材料や条件"というイメージであり、関数の処理の内容を細かく設定するための仕組みです。指定する引数によって、関数の実行結果を自由に変えることができます（図2）。

## 4-1 命令文によく登場する「関数」とは

**図2** 関数の引数の仕組み

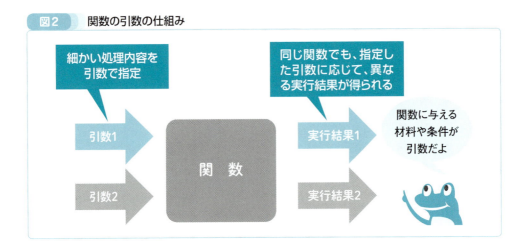

引数には、文字列や数値などのデータをはじめ、さまざまなものを指定できます。どのようなものをどう指定すればよいのかは、関数の種類によって異なります。本書ではその代表例として、print関数を次節、len関数を次々節で取り上げ、そのなかで引数の具体的な使い方と実例を解説します。

### ● プロンプトのコツにはこれもある

それらの解説の前にここで、プロンプト2で用いているちょっとしたコツを紹介します。該当箇所は2つあります。

1つ目は「書式を」の前に、「基本的な」というフレーズを付けていることです。一般的にPythonの組み込み関数の書式には、基本的な書式がまずあり、それに加えてさらに応用と言うべきオプションの書式がある、というパターンが多々あります。

この「オプションの書式」とは、組み込み関数の場合は「省略可能な引数」です。省略可能な引数とは、省略して指定しなくとも、組み込み関数はちゃんと動作しますが、省略せず指定すれば、よりきめ細やかに動作の材料や条件をコントロールできる引数です。

本書では、省略可能な引数の解説はここまでにとどめますが、組み込み関数の書式をChatGPTに質問する際、単純に書式を質問すると、省略可能な引数まで含めた回答が得られます。そのような回答だと、複雑だったり数が多かったりするなど応用の割合が多く、初心者にはわかりづらくなってしまう傾向にあります。

そこで、プロンプトに「基本的な」というフレーズを入れることで、省略可能な引数のようなオプションの書式は除き、基本的な書式だけを回答に得られるようにします。

プロンプト2におけるコツの回答箇所の2つ目は「教えてください。」の前に、「簡潔に」というフレーズを付けていることです。こちらも長く複雑になりがちなChatGPTの回答を、より初心者向けにわかりやすくするために入れるフレーズです。

本書ではChatGPTを使うにあたり、第2章2-1節のプロンプト1にて、「私はPythonの初心者です。プログラミング自体も未経験です。」というフレーズを入れ、自分が初心者であるこ

とを明言しています。そのようにしたにもかかわらず、残念ながら現時点のChatGPTは、このコツなどを使わず単純に質問しただけでは、初心者の想定レベルが高いのか、プログラミング未経験者にはわかりづらい回答が多くなる傾向にあります。

　読者のみなさんがChatGPTを使うにあたり、得られた回答が難しかったり無駄に長かったりしたら、ここで紹介したコツを随時使いましょう。それを繰り返すうちに、回答が自分の望むレベル感へと徐々に近づいていきます（図3）。

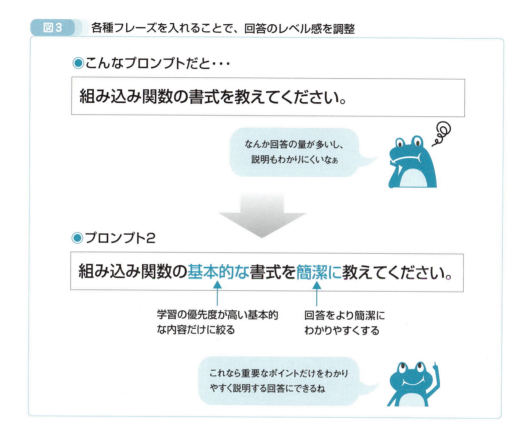

図3　各種フレーズを入れることで、回答のレベル感を調整

　他にも、「基本的な」に加えて「だけ」も組み合わせて、「基本的な書式だけを簡潔に教えてください。」のようなプロンプトにすることで、回答の内容をより基本的なものだけに限定できます。

　一方、得られた回答が簡潔過ぎて、もっと丁寧に説明してほしい場合は、「もっと噛み砕いて」などのフレーズを入れると効果的です。なお、「もう少し詳しく」といったようなフレーズだと、応用の回答増やす傾向にあり、余計わかりづらくなってしまうケースが多いので注意しましょう。

## 4-1 命令文によく登場する「関数」とは

### ● 引数が２つ以上ある組み込み関数もある

本節の最後に、組み込み関数でさらに知っておきたい知識として、複数の引数について簡単に解説します。先ほど解説した書式では、引数は1つだけでしたが、関数の種類によっては複数あります。

引数が複数ある場合の書式は以下です。

**書式**

関数名(引数1, 引数2・・・)

2つ目以降の引数は「,」（半角のカンマ）で区切って並べていきます。

どのような引数がいくつあるのか、どのように指定すればよいのか関数ごとに決められています。複数の引数を並べる順も同様です。その決めごとに反して指定すると、エラーになったり、動作がおかしくなったりするので注意しましょう。

また、関数によっては、2つ目以降の引数が省略可能な場合もあります。本節ではここまで主に、組み込み関数の基本的な書式、および引数について解説してきました。これらは次章で学ぶライブラリの関数にも共通します。

加えて、組み込み関数には引数と並び、「戻り値」という重要な仕組みもあります。この戻り値については次々節で改めて解説します。

### コラム

### 関数と引数と戻り値はExcelにも登場している

関数や引数は一見難しい仕組みに思えるかもしれません。戻り値も解説はまだですが、同様に難しそうなイメージを抱いているかもしれません。しかし、関数と引数と戻り値は、実はExcelユーザーなら大抵はすでに使っているでしょう。

たとえば合計を求める「SUM」という関数です。使う際は「=SUM(A1:A10)」のような数式を記述します。SUM関数はカッコ内に合計したいセル範囲を指定すると、合計が求められる関数です。このカッコ内に指定する仕組みはまさに引数です。

そして、SUM関数の処理（計算）の結果として、求められた合計が得られます。その合計の値は「=」を使うことでセルに表示したり、別の数式に指定したりするなど、以降の処理に用います。この合計の値こそがまさに戻り値です。言い換えると、関数の処理の結果が戻り値になります。

このように関数や引数や戻り値は、Excelユーザーなら普段から使っている仕組みなのです。また、関数や引数や戻り値はPythonのみならず、プログラミング言語全般に登場する普遍的な仕組みです。

# 4-2 print関数の基本的な使い方と「データ型」の初歩

## ● print関数の基本的な使い方を知ろう

本節では、代表的な組み込み関数の一つであるprint関数について、書式などの基本的な使い方を解説します。そのなかで、「データ型」という概念、およびコードの書き方もあわせて解説します。

まずはChatGPTにprint関数の基本的な使い方を聞いてみましょう。プロンプトと回答例は以下です。なお、本節以降はすべて、誌幅の都合などの理由で、回答例は画面ではなく、テキストのみを掲載するとします。

#### プロンプト1
print関数の基本的な使い方だけを噛み砕いて教えてください。

#### 回答例
print()関数は、画面にメッセージや値を表示するためのとても基本的な関数です。簡単に言うと、コンピューターに「これを見せて！」と言うために使います。

**基本的な使い方**
print()の中に表示したいものをカッコの中に書きます。

例：
```
print("こんにちは")
```

この場合、結果として画面に「こんにちは」と表示されます。

**数値も表示できる**
print()は、文字だけでなく、数字も表示できます。

例：
```
print(123)
```

この場合、「123」が表示されます。

**文字と数字を組み合わせる**
文字と数字を組み合わせて表示する場合、コンマ（,）で区切ります。

**4-2** print関数の基本的な使い方と「データ型」の初歩

---

例：

```
print("年齢は", 10)
```

この場合、「年齢は 10」が表示されます。


**まとめ**

・print()の中に表示したいものを入れる。

・文字は " "（ダブルクォート）で囲む。

・数字はそのままでOK。

・文字と数字を一緒に表示するときはコンマで区切る。

とてもシンプルで、Pythonを使う上で最初に覚える大事な関数です！

---

　上記の回答例では、print関数の基本的な使い方を「print()の中に表示したいものをカッコの中に書きます。」と説明しています。この説明を改めて書式として整理すると以下になります。

**書式**

```
print(データ)
```

　前節では組み込み関数の基本的な書式を「関数名(引数)」と学びました。関数名は「print」です。そして半角カッコ内に指定する引数が、出力したいデータに該当します。

　print関数の場合、処理の内容は「値（データ）を出力する」です。「どのような値（データ）を出力するのか」という細かい設定を引数として指定します。言い換えると、出力する内容を引数によって変えられるのです。

　上記のような書式に従ってprint関数のコードを記述すれば、引数に指定したデータを出力できます。具体的な出力先は開発環境によって異なります。本書で採用しているAnacondaのJupyter Notebookの場合、第1章1-5節でJupyter Notebookを少し体験したとおり、セルの枠のすぐ下に出力されます。セルの枠の中に書いたコードの実行結果が、そのすぐ下に出力されるのでした。print関数の実行結果もそこに出力されます。

　なお、回答例にある「文字と数字を組み合わせる」以下は、本書では解説を割愛します。興味があれば、説明を読んで、サンプルコードを試すとよいでしょう。

## 基本となるデータ型その1：数値

　さて、先ほど提示したprint関数の書式「print(データ)」のデータの箇所はどのように指定すればよいのでしょうか？　ここで新たに学ぶ必要があるのが「データ型」という概念です。

　データ型とはザックリ言えば、データの種類のことです。データの種類は簡単な例を挙げると、数値や文字列などです。他にも何種類かあるのですが、本節では基本となる数値と文

print関数の基本的な使い方と「データ型」の初歩  4-2

字列に絞って解説します。

Pythonでは、データ型の違いによって、扱い方やコードの書き方が違ってきます。print関数の書式「print(データ)」の「データ」の箇所も、出力するデータが数値か文字列かによって、コードの書き方が変わります。

最初に数値について解説します。Pythonで数値を扱うには、ChatGPTに質問するまでもなく、目的の数値をそのままコードに書けばOKです。1章1-5節ではJupyter Notebookの体験として、以下のコードを書いて実行しました。

**コード**

```
print(5)
```

このコードは数値の5をprint関数で出力するという処理です。print関数の引数として、半角カッコの中に、目的の数値である5をそのまま記述しています。これで実行すると、数値の5が出力されます。1-5節の体験ですでに確認しました。

本節プロンプト1の回答例でも、「print(123)」のように、123という数値をそのまま引数に記述しています。実行すると123が出力されます。

## 基本となるデータ型その２：文字列

基本となるデータ型の2つ目は文字列です。コードの書き方をChatGPTに質問してみましょう。プロンプトと回答例は以下です。このプロンプトは前節で紹介したコツを用いて、「基本だけ」や「簡潔に」というフレーズを入れています。

**プロンプト2**

文字列の書き方の基本だけを簡潔に教えてください。

**回答例**

Pythonでの文字列の基本的な書き方は、次の2つです。

・ダブルクォートで囲む：

"こんにちは"

・シングルクォートで囲む：

'こんにちは'

どちらも同じく文字列を表します。

この回答例で説明されているように、文字列はダブルクォートの「"」、もしくはシングルクォートの「'」で、目的の文字列本体を囲って記述します。必ず半角で記述します。ダブルクォートでもシングルクォートでも、どちらを用いても構いません。ただし、先頭をダブル

85

**4-2** print関数の基本的な使い方と「データ型」の初歩

クォート、末尾をシングルクォートにするなど、両者の併用はエラーになります。

本書では、ダブルクォートを使うとします。書式として表すと以下になります。

**書式**

```
"文字列本体"
```

例えば、「こんにちは」という文字列なら、上記回答例にあるとおり、以下のように記述します。

**コード**

```
"こんにちは"
```

文字列本体である「こんにちは」の先頭と末尾に、ダブルクォートの「"」を付けて囲います。

また、「さようなら」という文字列なら、以下のように記述します。文字列本体「さようなら」をダブルクォートで囲みます。

**コード**

```
"さようなら"
```

これらの文字列を出力するには、print関数の引数に指定すればOKです。例えば、文字列「こんにちは」なら以下になります。print関数のカッコの中に、「"こんにちは"」を記述しています。

**コード**

```
print("こんにちは")
```

文字列「さようなら」を出力したいなら、コードは以下です。ダブルクォートの中に「さようなら」を記述し、それをprint関数の引数に指定しています。

**コード**

```
print("さようなら")
```

このコードはまさに、第3章3-2節にてChatGPTの回答にあったサンプルコードに登場した命令文です。お手元の開発環境で確認したとおり、実行すると、「さようなら」と出力されます。

また、本節のプロンプト1の回答例に含まれるprint関数のサンプルコードも、同じ「print("こんにちは")」です。

数値と文字列のコードの書き方の解説は以上です。先述のとおり、データ型は数値や文字列以外にも何種類かあります。本書では、他の基本的なデータ型である「ブール型」を次々章で解説します。その他のデータ型の解説は割愛します。また、数値でも、その中で整数や

小数など、複数種類のデータ型があるのですが、本書では解説を割愛します。Pythonにある程度慣れてきたら、ChatGPTに質問するなどして、追加で学びましょう。

## 開発環境で体験しよう

前章までと多少かぶりますが、ここで読者のみなさんのお手元のJupyter Notebookにて、数値と文字列をprint関数で出力するコードを書いて実行してみましょう。今回は以下のコードとします。

コード
```
print(5)
print("こんにちは")
print("さようなら")
```

ChatGPTの回答に含まれているサンプルコードをベースに、著者が考えたコードです。命令文は全部で3つあり、すべてprint関数でデータを出力する処理です。1つ目は数値の5、2つ目は文字列「こんにちは」、3つ目は文字列「さようなら」を出力します。

実行結果が画面1です。数値の5、文字列「こんにちは」、文字列「さようなら」が順に出力されました。

▼画面1　上記コードをJupyter Notebookに記述して実行した結果

```
[4]: print(5)
     print("こんにちは")
     print("さようなら")

     5
     こんにちは
     さようなら
```

文字列はダブルクォートの中身だけが出力されるよ

また、もし上記コードを実行してエラーになったら、以下をチェックしてみましょう。

・関数名のスペルは正しいか
・関数名やカッコやダブルクォートが全角になってないか
・カッコやダブルクォートの片方が抜け落ちていないか
・各命令文の後ろに全角スペースが入力されていないか

# 4-3 引数と並ぶ関数の大事な仕組み「戻り値」を学ぼう

## ◉ 組み込み関数の「戻り値」とは?

　本節では、組み込み関数の「戻り値」を学びます。戻り値は4-1節で名前だけ登場しましたが、引数と並び大事な仕組みです。組み込み関数に限らず、関数全般に共通する仕組みです。
　まずは戻り値の基本をChatGPTに質問してみましょう。プロンプトと回答例は以下です。

> **プロンプト1**
> 組み込み関数の戻り値の基本だけを簡潔に教えてください。

> **回答例**
> 組み込み関数の戻り値とは、関数が実行された後に返す結果のことです。使った関数に応じて、戻り値は異なります。
>
> 例
> ・`len()`: 引数の長さを返す
> ```
> result = len("Python")
> print(result)  # 結果: 6
> ```
>
> ・`type()`: 引数のデータ型を返す
> ```
> result = type(42)
> print(result)   # 結果: <class 'int'>
> ```
>
> **まとめ**：組み込み関数は実行後に何らかの値を返し、それを戻り値と呼びます。

　戻り値とは、回答例の冒頭に書いてあるように、組み込み関数の実行結果の値（データ）を返す仕組みです。どのような値を返すのかは、組み込み関数の種類によって異なります（戻り値なしの関数もあります）。また、引数ありの組み込み関数なら、指定した引数に応じて、得られる戻り値は変わります。そして、得られた戻り値は通常、以降の処理に用います。
　以上が戻り値の仕組みの基礎です。先述のとおり、組み込み関数に限らず、関数全般に共通します。次章で学ぶライブラリの関数にも共通します。
　戻り値がある組み込み関数の代表例が、上記回答例に例として挙げられている「len」関数です。4-1節の回答例（77ページの画面1）でも、代表的な組み込み関数として挙げられていました。
　len関数の機能は、上記回答に「引数の長さを返す」と書かれています。引数に文字列を指定した場合、その長さ（＝文字数）が数値として返されます。たとえば、「こんにちは」という文字列を引数に指定すると、その文字数である5という数値が戻り値として得られます（図1）。

引数と並ぶ関数の大事な仕組み「戻り値」を学ぼう 4-3

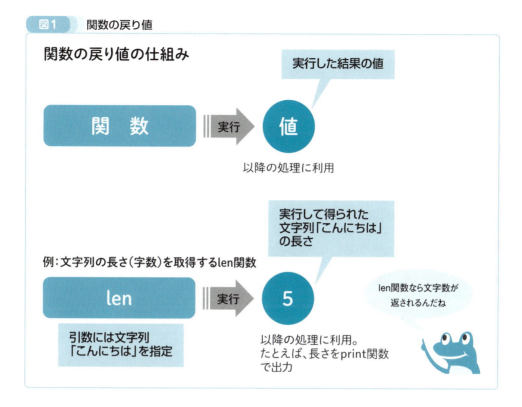

図1　関数の戻り値

　このすぐあとに戻り値の使い方やコードの書き方を解説するのですが、引き続きlen関数を例に用います。上記回答にはもう一つの戻り値の例として「type」関数が挙げられています。len関数と同じく4-1節にて、代表的な組み込み関数として挙げられていました。このtype関数は本節末コラムで簡単に紹介するにとどめます。

## 戻り値の使い方やコードの書き方を学ぼう

　ここからは戻り値の使い方やコードの書き方を、len関数を例に解説します。上記回答のサンプルコードには、「変数」というまだ学んでいない仕組みが使われていることもあり（「変数」は次節で学びます）、ここでは採用しません。改めてlen関数の使い方をChatGPTに質問してみましょう。プロンプトと回答例は以下です。

**プロンプト2**

len関数の使い方の基本だけを簡潔に教えてください。

**回答例**

len()関数は、要素の数（長さ）を調べるために使います。

**基本構文**

len(対象)

**4-3** 引数と並ぶ関数の大事な仕組み「戻り値」を学ぼう

例
・文字列の長さを調べる

```
len("Python")  # 結果: 6
```

・リストの要素数を調べる

```
len([1, 2, 3])  # 結果: 3
```

len()関数は、文字列やリストなどの要素数を簡単に取得できます。

上記回答には、len関数の書式が次のように提示されています。

**書式**

```
len(対象)
```

上記書式で引数に指定している「対象」とは、具体的には文字列などのデータです。もし、文字列を引数に指定したら、その文字数の長さ（文字数）が数値として、len関数の戻り値として返されます。

上記回答には書式に続けて、「例」以下にサンプルコードが2つ載っています。2つ目の例の「リスト」については、第7章で解説しますので、ここでは無視してください。ここでは1つ目の例の「文字列の長さを調べる」で解説します。

上記回答にある文字列の長さを調べるサンプルコードは下記です。

**コード**

```
len("Python")
```

引数には「"Python"」を指定しています。これは「Python」という文字列です。前節で学んだとおり、文字列は「"」（ダブルクォート）で囲って記述するのでした。

上記サンプルコードのとおり「len("Python")」と記述することで、文字列「Python」の長さ（文字数）の数値がlen関数の戻り値として返されます。文字列「Python」の長さ（文字数）は6なので、数値の6が返されます。

ここでは、上記のlen関数のコード「len("Python")」の戻り値を、print関数によって出力するとします。そのコードが以下です。

**コード**

```
print(len("Python"))
```

print関数のカッコの中に、len("Python")を丸ごと記述しています。つまり、print関数の引数に、「len("Python")」を指定しているかたちのコードです。
　このコードを実行すると、「len("Python")」で得られるlen関数の戻り値——つまり、文字列「Python」の文字数（数値）——が、print関数の引数に指定されることになります。そして、その文字列「Python」の文字数である数値の6が、print関数によって出力されます（図2）。

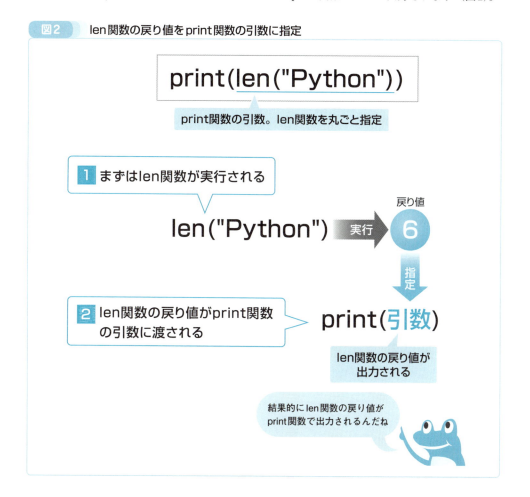

図2　len関数の戻り値をprint関数の引数に指定

　このコードのように、関数の引数に、別の関数を丸ごと指定することで、その別の関数の戻り値が、関数の引数として処理に用いられます。

## 戻り値を開発環境で体験してみよう

それでは、先ほどのコード「print(len("Python"))」を、お手元の開発環境で試してみましょう。Jupyter Notebookの新規セルに、このコードを入力して実行してください。すると、画面1のように6という数値が出力されます。

▼画面1 「print(len("Python"))」を実行すると、6が出力された

```
[5]: print(len('Python'))
     6
```

この6は文字列「Python」の文字数だよね

先述のとおり、文字列「Python」の文字数は6です。よって、コード「len("Python")」はlen関数によって、その文字数である6が数値として返されます。その6という数値がprint関数の引数に指定される結果となるため、最終的には画面1のように6が出力されたのです。

なお、print関数を使わず、「len("Python")」とだけセルに記述して実行しても、PythonおよびJupyter Notebookの機能によって、戻り値を出力できますが、本書では以降も原則、出力はprint関数で行うとします。

また、print関数と使う場合と使わない場合で、出力内容の体裁が変わるケースが多々あります。使う場合はデータが"生"のまま出力され、使わない場合は体裁を若干整えて出力されます。詳細の解説は割愛しますが、そのようなケースがあることだけを頭の片隅にとどめておくとよいでしょう。

## コラム

### データ型を調べるtype関数

　type関数はデータ型を調べる組み込み関数です。引数に指定したデータのデータ型を戻り値として返します。

　例えば、type関数の引数に文字列「Python」を指定したとします。すると、そのデータ型が戻り値として返されます。さらにその戻り値をprint関数で出力するコードが以下です。

```
print(type('Python'))
```

Jupyter Notebookで実行した結果が画面です。

▼画面 「print(type('Python'))」の実行結果

type関数はデータ型を返すよ

　画面では「<class 'str'>」と出力されています。文字列のデータ型を意味します。
　初心者には非常にわかりづらいのですが、この出力結果をもう少し詳しく解説すると、「str」が文字列のデータ型を表します。「class」については、本書では第8章の最後で概略のみ簡単に紹介するにとどめるとします。

## 4-4 「変数」のキホンを身につけよう

### ◉ 変数とは、データを入れる"箱"のイメージ

前節では、プロンプト1の回答に「変数」が登場しました。本節では、この変数のキホンを学びます。

さっそく変数の基本的な使い方をChatGPTに質問してみましょう。プロンプトと回答例は以下です。

**プロンプト1**

変数の使い方の基本だけを簡潔に教えてください。

**回答例**

変数の使い方の基本を簡潔に説明します。

**変数とは？**
変数は、値を保存するための名前です。数値、文字列、リストなどのデータを格納できます。これにより、後からその値を簡単に利用できるようになります。

**変数の使い方：**
1. 変数の宣言と代入
値を変数に代入するには、等号（=）を使います。

```
x = 5    # 数値を変数xに代入
name = "Alice"    # 文字列を変数nameに代入
```

2. 変数を使う
代入された変数は、計算や表示に使うことができます。

```
print(x)    # xの値（5）を表示
print(name)    # nameの値（"Alice"）を表示
```

3. 変数の再代入
変数には新しい値を代入することができ、前の値は上書きされます。

```
x = 10    # xに新しい値を代入
```

**例：**

```
age = 12    # 変数ageに12を代入
age = age + 1    # 変数ageの値を1増やす
```

```
print(age)   # 13と表示される
```

これが変数の基本です。

まずは変数とは何なのか、どのような仕組みなのかを学びます。

上記回答例には、「変数は、値を保存するための名前です。」と説明されています。確かに厳密にはそうなのですが、初心者にはどちらかというと、変数は「値を保存するための"箱"」というイメージで捉えた方が理解しやすいでしょう。数値や文字列といった値（データ）を格納して、処理に使います（図1）。まずはこのイメージを把握しましょう。

図1　変数のイメージは、データを格納する"箱"

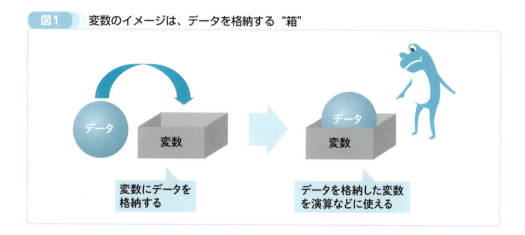

なお、上記回答例にある「数値、文字列、リストなどのデータを格納できます。」の「リスト」は、次章で解説します。

次に、変数のコードを記述するための基本的な文法・ルールを学んでいきます。

まず押さえてほしいのが、変数は名前を付けて使うことです。"箱"に名前を付けるのです。1つのプログラムの中で、複数の変数を同時に使えるようにするため、一つひとつの変数を区別できるよう、おのおのに名前を付けます。上記回答例の「名前」はこのイメージで捉えてください。変数の名前は専門用語で「変数名」と呼ばれます（図2）。

## 4-4 「変数」のキホンを身につけよう

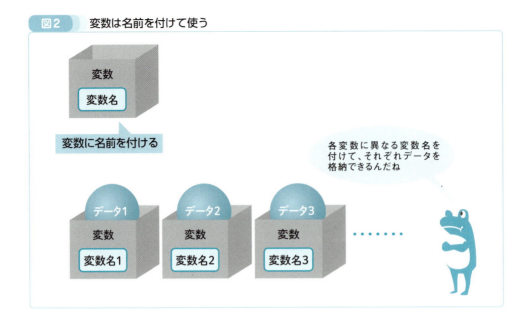

図2　変数は名前を付けて使う

変数名は原則、自由に付けてOKです。ただし、既にある変数と同じ名前は付けられません。"箱"が区別できなくなってしまうからです。さらにPythonのルールとして、付けられない変数名が他にあります。詳細は本節末コラムを参照してください。

### ● 変数という"箱"を用意して、データを格納する

変数の基本的な文法・ルールの続きとして、「宣言」と「代入」を学びます。

変数を使うためには、最初にその"箱"を用意する必要があります。この"箱"を用意することを専門用語で「宣言」と呼びます。変数を宣言するには、変数名をコードに記述します。これで、その名前の"箱"——変数が用意され、処理に使えるようになります。

```
書式
変数名
```

変数名を記述して"箱"を用意しただけでは、"箱"の中身は空っぽなので、処理に使えません。そこで、データ（値）を格納します。格納することを専門用語で「代入」と呼ばれます。代入は「=」（半角のイコール）で行います。必ず半角で記述してください。書式は以下です。

```
書式
変数名 = 値
```

変数名に続けて、「=」と目的の値を記述します（図3）。通常は上記の2つ目の書式のとおり、変数の宣言と代入を同時に行うコードを記述します。"箱"を用意し、同時に中身の値（データ）

を入れる処理も行うコードになります。宣言だけを行うコードは原則記述しません。

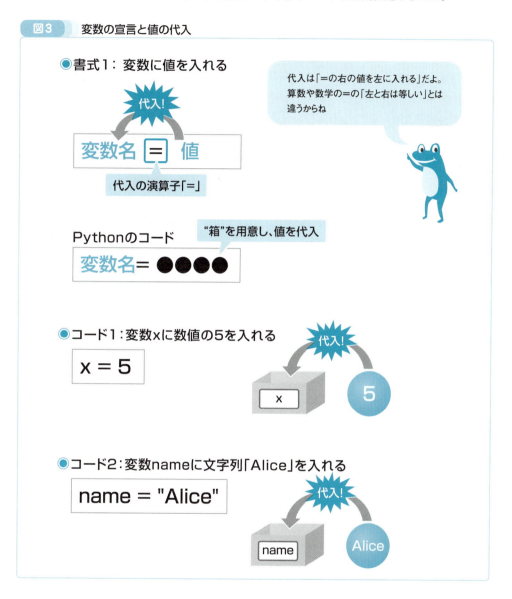

図3　変数の宣言と値の代入

　変数の宣言と代入の具体例は、先ほどのプロンプト1の回答例の「1. 変数の宣言と代入」に次のコードが載っています。

```
x = 5  # 数値を変数xに代入
name = "Alice"  # 文字列を変数nameに代入
```

　1行目の「x = 5」は、「x」という名前の変数を宣言し、数値の5という値を代入するコード

です。これで変数xという"箱"が用意され、その中に数値の5がデータとして格納されます。

なお、このコードの右側にある「#」以降は次節で解説するので、現時点では無視してください。

2行目のコードは「name = "Alice"」です。「name」という名前の変数を宣言し、文字列「Alice」という値を代入するコードです。これで変数nameという"箱"が用意され、その中に文字列「Alice」がデータとして格納されます。

データ型の観点で見ると、1行目のコードでは数値を格納しましたが、2行目のコードでは文字列を格納しています。

なお、この書式は「=」の両側に半角スペースが入っています。上記回答例のサンプルコードにも入っています。これらの半角スペースはPythonの文法・ルールとして、記述しなくても問題ないのですが、コードが見やすくなることから、記述することをオススメします。本書では原則記述するとします。

## 変数を使う方法と値を変える方法

変数に入っている値を以降の処理で使うには、コードにその変数名を記述します。変数名を記述することで、中の値（データ）を取得できるのです（図4）。

図4 変数の値を使う

たとえば、プロンプト1の回答例の「2. 変数を使う」に、変数の宣言と代入の例として、次のコードが載っています。

```
print(x)     # xの値（5）を表示
print(name)  # nameの値（"Alice"）を表示
```

　先ほどの例に登場した変数xと変数nameの値をprint関数で出力するコードです。ともにprint関数の引数には変数名をそのまま記述しています。実行すると変数xの値である5、変数nameの値である文字列「Alice」が出力されます。

　そして、変数の値は宣言時に代入したものから変更することができます。変更したい値を代入し直すだけです。

　たとえば、プロンプト1の回答例の「3. 変数の再代入」に、変数の宣言と代入の例として、次のコードが載っています。

```
x = 10   # xに新しい値を代入
```

　変数xに数値の10を代入するコードです。宣言時には数値の5を代入したので、変数xの値は5だったのですが、上記のコード「x = 10」を実行すると、新たに数値の10が代入されます。すると、値が10に上書きされて変更されます（図5）。

**図5　新たな値を代入することで変数の値を変更**

●コード4：変数xの値を10に変更

x = 10

変更したい値を代入して上書きする

代入！
上書きされて変更

　本節ではここまでに、変数の概念と変数名、宣言と代入、値の変更を学びました。変数の基本的な使い方は以上です。

　また、変数の値を変更するコードは書式で表すと「変数名 = 値」になり、変数の宣言・代入の書式と同じです。この書式のコードを書いて実行した場合、その変数名が初出なら、その名前の"箱"が新たに用意され、値が代入されます。変数名が既出なら、既にあるその名前の"箱"に値が代入し直され、値が変更されます。

## 4-4 「変数」のキホンを身につけよう

### 変数を体験しよう

変数の基本的な使い方を学んだところで、お手元の開発環境で体験しましょう。

ここではまず、先ほどの回答例のサンプルコードとして、変数の宣言と代入に登場した2行のコードと、変数を使う方法で登場した2行のコードを抜粋してあわせた以下のコードで体験するとします。「#」以降の部分は使わないとします。

**コード**
```
x = 5
name = "Alice"

print(x)
print(name)
```

では、上記コードをJupyter Notebookの新規セルに入力・実行してください。すると画面1のように、5と「Alice」が出力されます。前者は変数xに格納されている値、後者は変数nameに格納されている値です。

▼**画面1　5と「Alice」が出力された**

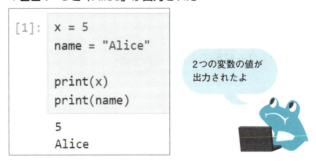

次に、以下のコードを体験します。先ほど変数の値を変える例として登場したコード「x = 10」を使い、その変数xをprint関数で出力するコードです。

**コード**
```
x = 10
print(x)
```

Jupyter Notebookの新規セルに入力・実行してください。すると、10が出力されます（画面2）。

## 「変数」のキホンを身につけよう 4-4

▼**画面2** 変更後の変数xの値である10が出力された

```
[2]: x = 10
     print(x)
     10
```

変数xの値が10に変更されたことがわかるね

先ほどのコードでは、変数xには5が格納されていたので5が出力されました。それが上記コード「x = 10」によって、変数xの値が5から10に変更され、出力されたのです。

もし、「x = 10」で変数xの値を5から10に変更するコードを書かず、print関数で出力する「print(x)」だけを実行したら、変数xの変更前の値である5が出力されます。

また、変数nameも別の文字列を代入して値を変更すれば、print関数で出力した際はその別の文字列が出力されます。

最後に、Jupyter Notebookについて補足します。本節での体験のように、Jupyter Notebookはあるセルで使った変数、および、実行した結果を別のセルで引き継いで使うことができます。本来は一つのプログラムの一連の処理としてコードをまとめて記述・実行するのですが、このように別のセルに分けて記述・実行することもできるのです（図6）。

**図6** 変数の値などは別のセルで引き継いで使える

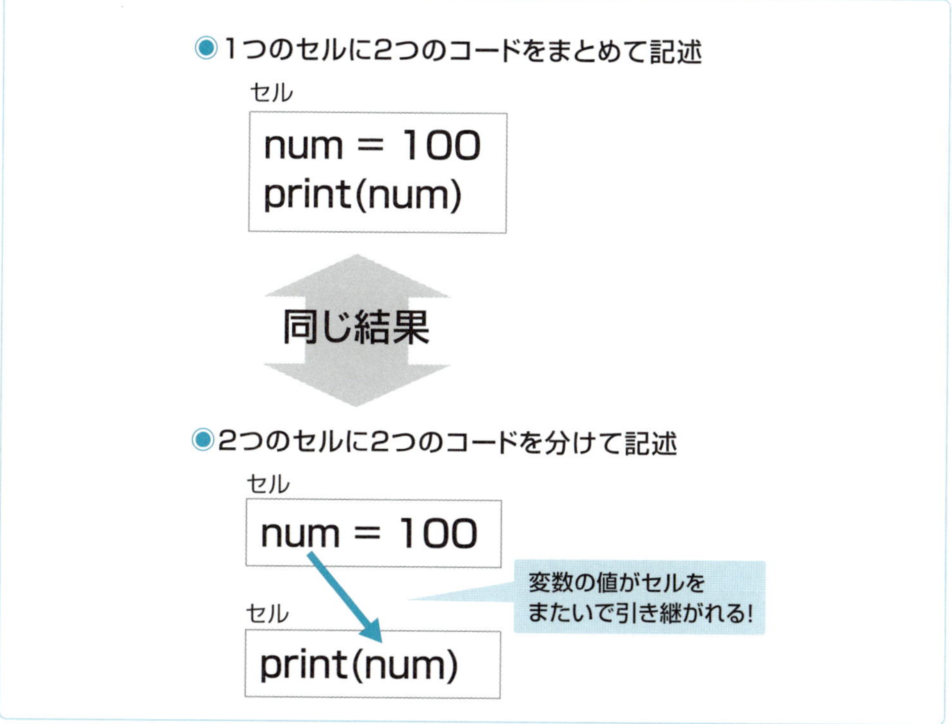

●1つのセルに2つのコードをまとめて記述

セル
```
num = 100
print(num)
```

⇅ 同じ結果

●2つのセルに2つのコードを分けて記述

セル
```
num = 100
```

セル
```
print(num)
```

変数の値がセルをまたいで引き継がれる！

101

ただし、変数や実行結果を引き継げるのは同じノートブックに記述したコードのみです。別のノートブックでは引き継げないので注意してください。なお、コードを分けて記述・実行できるのは、Jupyter Notebook以外の多くの開発ツール／開発環境でも同様です。

また、本節で解説した変数のキホンは原則、他のプログラミング言語にも共通しています。次節の演算子も同様です。

### コラム

## こんな変数名は付けられない

変数名は基本的に自由に付けられますが、基本的には、以下に該当するとルールに反し、エラーになります。

・Pythonであらかじめ決められているキーワードと同じ名前
・「_」（アンダースコア）以外の記号が使われている
・数字から始まる
・既にある変数と同じ名前

1つ目のルールのキーワードとは、たとえば「import」（第5章で解説）です。たとえば「import = 10」などと書いたら、実行するとエラーになります。また、printのような関数と同じ名前を変数に付けると、エラーにはなりませんが、代入した際に関数が上書きされ必ず壊れてしまうので避けましょう。

また、ひらがなやカタカナ、漢字、全角英数字も使えないこともないのですが、無用なトラブルの元になりかねないので、使わないようにしてください。

記号で使えるのは「_」のみです。数字は変数名の先頭以外なら使うことができます。また、既にある変数と同じ名前も付けられません。

これら変数名のルールはいわゆる知識であり、すべて今すぐ覚える必要はありません。最初の頃はついうっかりルールに反してエラーを出してしまうかもしれませんが、その都度修正すれば問題ないので、ある程度時間をかけて自然に覚えるぐらいのスタンスで構いません。

# 4-5 「演算子」のキホンを身につけよう

## ● 足し算などを行う「+」

本節では、「演算子」というPythonの仕組みのキホンを学びます。変数やデータ（数値や文字列）などとセットでよく使う仕組みです。

ここで、前節のプロンプト1の回答の最後にある「例」のサンプルコードを見てみましょう。抜粋したのが下記です。

**コード**
```
age = 12    # 変数ageに12を代入
age = age + 1   # 変数ageの値を1増やす
print(age)   # 13と表示される
```

この2行目のコードに「+」というプラス記号が記述されています。一体何なのでしょうか？ChatGPTに聞いてみましょう。プロンプトと回答例は以下です。

**プロンプト1**

+を簡潔に説明してください。

**回答例**

**数値の場合：**
数値同士を足し算します。

```
x = 3 + 2   # 結果は5
```

**文字列の場合：**
文字列同士を結合します。

```python
text = "Hello" + " " + "World"   # 結果は "Hello World"
```

つまり、+ は数を足すか、文字列をくっつけるために使われます。

この回答に説明されているとおり、「+」は数値を足す機能と文字列をくっつける（連結する）機能の2通りがあります。基本的な書式は以下です。

**書式**
```
値1 + 値2
```

## 4-5 「演算子」のキホンを身につけよう

「+」の両辺に2つの値を記述します。2つの値に数値を記述すれば、それら2つの数値を足し算した値が得られます。文字列を記述すれば、その2つの文字列を連結した文字列が得られます。

そのサンプルコードがプロンプト1の回答例に載っています。数値の足し算が以下です。

**コード**
```
x = 3 + 2   # 結果は5
```

数値の3と2を「+」で足して、その結果を変数xに代入するコードです。3と2を足すと5になるので、変数xには5が格納されます。

文字列の連結のサンプルコードが以下です。

**コード**
```
text = "Hello" + " " + "World"   # 結果は "Hello World"
```

このコードは「+」が2つあり、3つの文字列を連結しています。また、103ページの書式の「値2」の後ろに続けて「+ 値3」と追記すれば、3つ以上の数値を足したり、3つ上の文字列を連結したりできます。4つ以上の値も同様です。

上記の文字列の連結のサンプルコードでは、連結する文字列の1つ目が「Hello」です。2つ目は非常にわかりづらいのですが、半角スペースです。コードの該当箇所は「" "」です。半角スペースを「"」で囲っています。連結する文字列の3つ目は「World」です。

これら3つの文字列が「+」で連結され、「Hello World」という1つの文字列が作成されます。これを変数textに代入しています。変数textに格納されている値が文字列「Hello World」ということです。

### 「+」や「=」は「演算子」の一種

本節でここまでに登場した足し算や文字列連結を行う「+」、および、前節で登場した代入を行う「=」は「演算子」と呼ばれます。代入や足し算など、何かしらの演算を行う記号が演算子です。「=」はデータを変数に代入するための演算子であり、「+」は足し算などを行う演算子です。

演算子には、数値計算や代入をはじめ、他にもさまざまな種類があります。そして、演算子の種類に応じてカテゴリの名前もあります。例えば数値計算を行う演算子は「算術演算子」と呼ばれます。足し算の「+」も含め、算術演算子は表1のものがあります。

▼**表1　算術演算子**

| 演算子 | 意味 |
|---|---|
| + | 足し算 |
| - | 引き算 |

104

| | | |
|---|---|---|
| | * | 掛け算 |
| | / | 割り算(小数を含む結果) |
| | // | 数除算(小数点以下を切り捨てる) |
| | % | 割り算の余り |
| | ** | べき乗(指数) |

これらの「+」以外の算術演算子の詳細やサンプルコードの解説は、本書では割愛します。余裕があれば、ChatGPTに質問してみるとよいでしょう。

そして、算術演算子以外の演算子として、本書では「比較演算子」を第6章で学びます。それ以外の演算子については、第7章7-2節末のコラム(203ページ)で代表的なものを少しだけ簡単に紹介します。

## ●「+」演算子を体験しよう

それでは、「+」演算子をお手元の開発環境で体験しましょう。プロンプト1の回答例にあった数値の足し算のコード「x = 3 + 2」と、文字列の連結のコード「text = "Hello" + " " + "World"」を使い、それぞれの結果が格納された変数をprint関数で出力するとします。

まずは数値の足し算です。以下のコードをJupyter Notebookの新規セルに入力・実行してください。

コード
```
x = 3 + 2
print(x)
```

実行結果が画面1です。5が出力されました。

▼**画面1** 数値の3と2を足した結果である5が出力された

```
[3]: x = 3 + 2
     print(x)
     5
```

3と2を足した5が変数xに代入され、それが出力されたよ

1行目のコードにて、3と2を足した結果である5が変数xに格納されます。その変数xが2行目のコードで出力されました。

次は文字列の連結です。以下のコードをJupyter Notebookの新規セルに入力・実行してください。

## 4-5 「演算子」のキホンを身につけよう

▎コード
```
text = "Hello" + " " + "World"
print(text)
```

実行結果が画面2です。文字列「Hello World」が出力されました。

▼**画面2** 連結後の文字列「Hello World」が出力された

```
[4]: text = "Hello" + " " + "World"
     print(text)

     Hello World
```

3つの文字列が連結されて出力されたよ

1行目のコードでは、3つの文字列「Hello」と「 」（半角スペース）と「World」が連結され、変数textに格納されます。それが2行目のコードで出力されました。

「+」演算子の体験は以上です。余裕があれば、「+」演算子の前後の値をいろいろ変更し試してみるとよいでしょう。また、足し算する値や連結する文字列を増やしてみるのもよいでしょう。

# コードに残すメモや説明である「コメント」

## ● プログラムの内容の理解を助ける

第3章3-2節でChatGPTの回答例に登場したコードは以下などでした。

**コード**
```
print("おはようございます") # 1つ目の命令
```

前半部分のprint関数（組み込み関数）については、前節までに解説しました。本節では、後半部分の「# 1つ目の命令」について解説します。

この部分は4-1節で簡単に触れたとおり、「コメント」という仕組みです。関数とは別の仕組みになります。さっそくChatGPTに聞いてみましょう。プロンプトと回答例は以下です。

**プロンプト例**
コメントの使い方の基本だけを簡潔に教えてください。

**回答例**
Pythonでは、コメントを使ってコードにメモや説明を追加できます。コメントは実行されません。

**基本書式**
・1行コメントは、# を使って記述します。
```
# これはコメントです
print("Hello")  # ここもコメントです
```

**コメントの用途**
・コードの説明やメモを残すときに使います。

これがPythonでのコメントの基本的な使い方です。

上記回答に記されているように、Pythonのコメントとは、プログラム内に残す"メモ"のような機能です。プログラム内に書かれたコメントは、実行時には無視されます。そのため、好きな内容を自由に記述できます。日本語も使えます。コメントの内容は通常、どのような処理のコードなのかなどの説明やメモなどを記述します。

コメントの主な目的は、プログラムを理解しやすくするためです。プログラムが一度完成したあと、機能の追加・変更などでコードをあとで編集する際、あたりまえですが、コードの内容を理解している必要があります。しかし、ある程度時間が経過すると、書いた本人ですら内容を忘れがちです。そこで、コメントが残されていると、コードを思い出して再び理

解するのに大きな助けとなります（図1）。

**図1** コメントのメリット

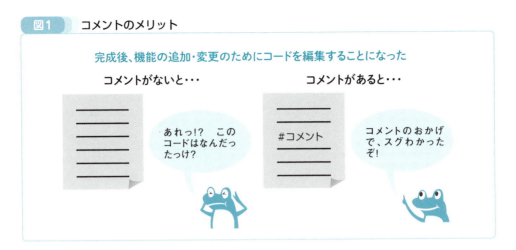

また、他の人にプログラムを引き継ぐことはよくあり、その際、引き継ぎ先の人がコードの内容を理解するのに、コメントは大きな助けとなります。

## コメントは「#」に続けて書く

コメントを記述するには「#」を用います。「#」に続けてコメントの内容を記述します。先述のとおり、コメントの内容には日本語も使えます。

**書式**

```
#  コメントの内容
```

上記書式では、「#」の後ろに半角スペースを入れています。この半角スペースはPythonの文法・ルールで決められていることではなく、単なる慣例なので、入れなくてもかまいません。

コメントの記述の場所のパターンは、上記回答例にも載っているように、独立した行、およびコードと同じ行（コードのすぐ後ろ）の2種類があります（図2）。どちらに記述しても構いません。

## 図2　コメントの記述場所は2パターン

【パターン1】独立した行に記述

```
# コメント
print('こんにちは')
```

コメントは青緑色の斜体の文字で表示されるよ

【パターン2】コードと同じ行に記述

```
print('こんにちは')  # コメント
```

慣例として、#の前は半角スペース2つぶん空けるよ。なしでも大丈夫だよ

　コードと同じ行に書く場合、コードとくっつけて書くとエラーになるので注意しましょう。少なくとも半角スペース1つぶんは空けてください。慣例では半角スペース2つ空けます。また、全角スペースだとエラーになるので気を付けてください。

　そして、コメント原則、1行以内に収めます。途中で改行するとエラーになってしまいます。ただし、それは「#」を用いた場合のみです。コメントはシングルクォートを3つつなげた「'''」、もしくはダブルクォート「"」を3つつなげた「"""」で前後囲むことで、複数行に渡るコメントを書くことができます。「#」による1行コメントと適宜使い分けてください。

　コメントをお手元の開発環境で体験することは、3章3-2節で「print("おはようございます") # 1つ目の命令」をはじめ、3行に渡るサンプルコードを記述・実行した際に済ませているので、ここでは割愛します。余裕があれば、そのコードを再び実行し、コメントが実行時に無視されることを改めて確認しておくとよいでしょう。

4-6 コードに残すメモや説明である「コメント」

## コラム

### 自分のオリジナルの関数を作れる「ユーザー定義関数」

　Pythonには「ユーザー定義関数」という仕組みもあります。プログラマーが自分のオリジナルの関数を定義して使える仕組みです。複数の命令文による同じ処理が何度も登場する場合、それらをユーザー定義関数としてまとめて切り出し部品化します。そして、元の場所では、その関数を呼び出して実行するようにします。これによって、コードの重複が解消され、見た目がスッキリわかりやすくなったり、機能の追加・変更がラクになったりするなどのメリットが得られます。

　その処理の流れのイメージは以下の図のように、途中でユーザー定義関数に移り、また戻ることになります。この関数を呼び出して実行する度に、中身である命令文AとBがその都度実行されます。

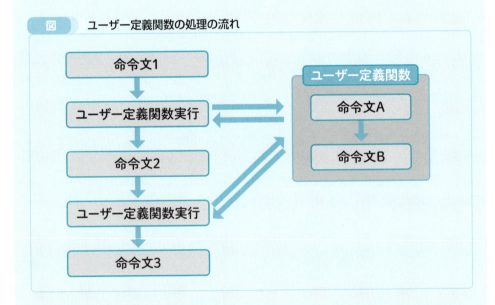

図　ユーザー定義関数の処理の流れ

　ユーザー定義のコードは「def」というキーワードを用いて書くのですが、書式の解説や具体例の紹介などは、本書では解説を割愛します。ここでは上記の図だけを、何となくのイメージでよいので、頭に入れておくとよいでしょう。また、余裕があれば、ChatGPTに質問してみるのもよいでしょう。

第 5 章

# 「ライブラリ」の関数を使おう

　ライブラリは関数の一種です、Pythonには多彩なライブラリの関数が豊富に揃っており、他のプログラミング言語と比べた際のPythonの強みの一つでもあります。その基礎をマスターし、ぜひ使っていきましょう。

# 5-1 「ライブラリ」の関数の基本的な使い方

## ◉ まずは「ライブラリ」について知ろう

　本章では、「ライブラリ」の関数を学びます。第4章4-1節で学んだとおり、Pythonの関数には複数のカテゴリがあり、初心者がまず知っておきたい2種類が、組み込み関数とライブラリの関数でした。組み込み関数は第4章で基礎を学びました。本章にて、ライブラリの関数の基礎を学びましょう。

　まずは「ライブラリ」とは何なのか、から解説します。すでに第1章1-1節にて、Pythonの人気のヒミツの1つが、充実したライブラリであると述べました。そして、ライブラリとはザックリ言えば、便利なプログラムの"部品"であり、メリットなども簡単に述べました。

　ここで改めて、ライブラリについて、ChatGPTに聞いてみましょう。プロンプトと回答例は以下です。この回答例の「ライブラリの使い方」の箇所はのちほど改めて解説するので、とりあえず飛ばして読んでください。

> **プロンプト1**
> ライブラリについて小学生にも理解できるよう教えてください。

> **回答例**
> ライブラリについて、小学生にもわかるように説明しますね！
>
> **ライブラリってなに？**
> ライブラリは、プログラムを作るときに便利なツールや機能がたくさん入っている大きな箱みたいなものです。自分でゼロから何かを作る必要がなく、その箱の中から必要なツールを取り出して使うだけで、いろんなことができちゃいます！
>
> **ライブラリを使うとどうなるの？**
> たとえば、算数の計算をたくさんしなければならないときに、ライブラリを使うと、難しい計算もすぐにできるようになります。ライブラリには、計算を助けてくれる機能がすでに用意されているからです。
>
> **ライブラリの使い方**
> 1. ライブラリを取り出す
>    ライブラリを使いたいときは、まずPythonに「このライブラリを使いたいよ！」と伝える必要があります。それを「インポート」といいます。
>
>    たとえば、数学の計算を手伝ってくれる math というライブラリを使うときは、こう書きます：
>
>    ```
>    import math
>    ```

「ライブラリ」の関数の基本的な使い方 **5-1**

この「import math」で、mathライブラリを取り出す準備ができました。

2. **ライブラリの中の道具を使う** インポートしたら、そのライブラリに入っている道具(関数)
を自由に使えます。たとえば、数字の平方根を計算したいときには次のように書きます:

```
import math

# 16の平方根を計算して表示する
print(math.sqrt(16))  # 結果は「4」
```

このコードは、「16の平方根を教えて!」という意味です。ライブラリの中の sqrt という
道具を使っています。

### どうしてライブラリが便利なの?

ライブラリを使うと、難しいことを自分でゼロから考えなくても、もうすでに作られているツー
ルをすぐに使えるので、時間が節約できて簡単にプログラムを作れます。たとえば、絵を描い
たり、音楽を鳴らしたり、ゲームを作ったりするときにも、それに合ったライブラリがあれば
スムーズに作業が進むんです。

### まとめ

・ライブラリは、たくさんの便利な機能が入った大きな箱みたいなもの。
・ライブラリを使うと、自分で難しい部分を作らなくても簡単にプログラムが作れる。
・インポートしてライブラリを取り出し、その中の便利な道具を使うだけ!

これで、プログラムをもっと楽しく、簡単に作れるようになりますよ!

　上記のプロンプト1の回答例にあるように、ライブラリとは、「プログラムを作るときに便
利なツールや機能がたくさん入っている大きな箱みたいなもの」です。この「便利なツール
や機能」は言い換えると、第1章1-1節で説明した「便利なプログラムの"部品"」です。

　そして、「便利なツールや機能」や「便利なプログラムの"部品"」が、具体的には関数な
のです。ライブラリには組み込み関数に比べて、より多彩な機能の関数がたくさん用意され
ています。例えば、グラフ作成やデータ分析、機械学習／AI、画像処理、インターネット通信、
数値計算、ファイル／フォルダー操作など、実に幅広いジャンルの関数が揃っています。

　それらの代表例の簡単な紹介はのちほど改めて次節で行います。本節では、先ほどのプロ
ンプト1の回答例にも「ライブラリの使い方」が載っていたこともあり、ライブラリの関数の
基本的な使い方を本節このあとから次節にかけて解説します。

## ライブラリの関数を準備するには

　それでは、ライブラリの関数の基本的な使い方の解説を始めます。

　これまで本書では関数として、print関数やlen関数といった組み込み関数が登場しました。

## 5-1 「ライブラリ」の関数の基本的な使い方

　実は組み込み関数とライブラリの関数では、使い方に大きな違いがあります。具体的には、ライブラリの関数は使う前に準備が必要になる、という違いです。

　print関数のような組み込み関数は、これまで学んだとおり、「print("こんにちは")」のように、関数を実行するためのコードを書きました。このコードは「関数名(引数)」という書式に則っているのでした。

　それに対して、ライブラリの関数は、実行するためのコードを「関数名(引数)」という書式に則って書くことは、組み込み関数とほぼ同じです。大きく異なるのは、実行するためのコードに加え、準備のためのコードを先に別途書かなければなりません（書き方はこのあとすぐ解説します）。これはPythonのルールとして決められていることです。つまり、ライブラリの関数を準備するコードと実行するコードの2つが必要になります。

　一方、繰り返しになりますが、print関数のような組み込み関数は準備が必要なく、いきなりコードに書いて使うことができます。つまり、組み込み関数を実行するコード1つだけで済みます。

　以上が組み込み関数とライブラリの関数の使い方の大きな違いです（図1）。

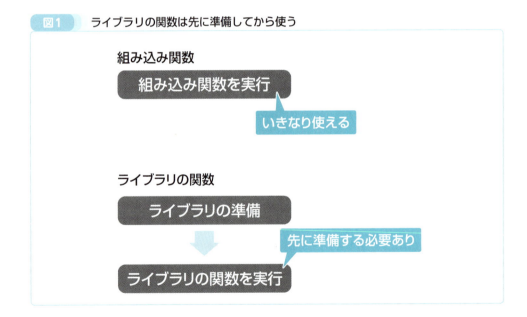

図1　ライブラリの関数は先に準備してから使う

　先ほどのプロンプト1の回答例では、「ライブラリの使い方」なかで、この準備のことを「1. ライブラリを取り出す」と説明しています。該当箇所を抜粋したものが以下です。

> 回答例
> 1. ライブラリを取り出す
> 　ライブラリを使いたいときは、まずPythonに「このライブラリを使いたいよ！」と伝える必要があります。それを「インポート」といいます。

「ライブラリ」の関数の基本的な使い方 5-1

　ニュアンスとしては、ライブラリを「取り出す」よりも、「読み込む」の方が近いと筆者は考えています。あるいはプロンプト1の回答例の説明にあるように、「使いたいライブラリをPythonへ先に伝える」のような表現の方がわかりやすいかもしれません。いずれにせよ、準備が必要であることだけ把握できていればOKです。

　そして、その準備のことは、回答例に載っているとおり、専門用語で「インポート」と呼びます。この用語はぜひ覚えてください。

　さて、プロンプト1の回答例には、「math」という数学の計算のライブラリをインポートする例として、「import math」というコードが載っていますが、インポートの方法については、それ以上の説明はありませんでした。

　そこで、ChatGPTにインポートの方法を質問してみましょう。プロンプトと回答例は以下です。

**プロンプト2**

ライブラリのインポートの基本的な方法を小学生でも理解できるよう教えてください。

**回答例2**

ライブラリのインポートの基本的な方法を、わかりやすく説明しますね！

**1. ライブラリってなに？**
ライブラリは、プログラムを作るときに使う便利なツール箱みたいなものです。たとえば、ゲームを作るとき、難しい計算や、特別な機能が必要なとき、そのツール箱から取り出して使うことで簡単にできるんです。

**2. インポートってどういう意味？**
「インポート」は、ライブラリというツール箱を開けて使えるようにすることです。インポートすると、そのライブラリの中に入っているいろんな便利な道具を使えるようになります。

**3. インポートする方法**
ライブラリを使うためには、まずPythonにそのライブラリを使いたい！と伝える必要があります。これを「インポート」と言います。

使い方の基本ルール：

```
import ライブラリの名前
```

たとえば、math というライブラリを使いたいときには、次のように書きます：

```
import math
```

これで、mathライブラリの中にあるツールを使う準備ができました！

115

**5-1** 「ライブラリ」の関数の基本的な使い方

### 4. インポートしたライブラリを使う方法

ライブラリをインポートしたら、その中にある道具を自由に使えます。たとえば、math とい
うライブラリの中には「平方根」を計算する sqrt() というツールがあります。次のように使
います：

```
import math

# 16の平方根を計算して結果を表示する
print(math.sqrt(16))  # 結果は「4」
```

math.sqrt(16) という書き方は、「mathライブラリの中にある sqrtというツールを使って、16
の平方根を計算して」という意味です。

### 5. インポートのまとめ

ライブラリはたくさんの便利な道具が入った箱。
インポートは、その箱を開けて使うための合図です。
インポートしたら、そのライブラリの中の便利なツールを使えるようになります。

---

上記のプロンプト2の回答例は、冒頭にライブラリとインポートの意味の解説があります。
プロンプト1の回答例にもありましたが、説明の切り口が若干異なっています。

インポートの方法の説明は「3. インポートする方法」以下です。そこで説明されている書
式を以下に改めて提示します。

---

**書式**

```
import ライブラリの名前
```

---

インポートは「import」という命令文で行います。以降、「import文」と呼ぶとします。

基本的な書式は上記のとおりです。「import」の後ろに半角スペースを挟み、ライブラリの
名前を記述します。半角スペースがなかったり、ライブラリの名前やスペースを全角で書い
たりするとエラーになるので注意してください。

上記書式の「ライブラリの名前」の部分ですが、ライブラリの名はライブラリの種類ごと
に決められています。例えば、先ほど挙げた「math」という数学の計算のライブラリなら
「math」です。

そして、この「math」というライブラリをインポートするコードは、プロンプト1やプロ
ンプト2の回答に載っているとおり以下になります。

---

**コード**

```
import math
```

先述のとおり、ライブラリ名はライブラリごとに異なりますが、いちいち覚える必要はなく、その都度調べればOKです。また、「import ライブラリの名前」の書式については、5-4節でさらに詳しく解説します。

　ライブラリの関数の準備であるインポートの基礎は以上です。次節では、ライブラリの関数を実行するコードの書き方の基礎を学び、そのあとにお手元の開発環境で体験します。

　なお、このあと本書で登場するChatGPTの回答にあるサンプルコードでは、インポートのimport文のあとに、空の行を挿入したものと挿入していないものの2パターンがあります。Pythonの文法・ルールとしては、どちらでも構いません。筆者の考えでは、コードがより見やすくなるので、空の行を挿入することをオススメします。

# 5-2 ライブラリの関数を実行するコードの基本的な書き方

## 関数名の前にライブラリの名前が付く

前節では、ライブラリの関数のインポートの方法まで、使い方の基礎を学びました。本節ではその続きとして、ライブラリの関数を実行するコードの書き方を解説します。

その説明は前節のプロンプト1の回答例の中に載っています。該当箇所を抜粋したものが以下です。

> 2. ライブラリの中の道具を使う インポートしたら、そのライブラリに入っている道具（関数）を自由に使えます。たとえば、数字の平方根を計算したいときには次のように書きます：
>
> ```
> import math
>
> # 16の平方根を計算して表示する
> print(math.sqrt(16))   # 結果は「4」
> ```
>
> このコードは、「16の平方根を教えて！」という意味です。ライブラリの中の sqrt という道具を使っています。

この回答例の説明だけだと、説明不足のため初心者には非常にわかりづらいので、改めて解説します。

前章4-1節で学んだ組み込み関数を実行するコードの基本的な書式は以下でした。

> **書式**
> 関数名（引数）

引数が複数ある組み込み関数の場合は以下でした。

> **書式**
> 関数名（引数1，引数2・・・）

ライブラリの関数を実行するコードの書式もこれらとほぼ同じです。大きく異なるのは、関数名の前に、ライブラリの名前と「.」(ピリオド) を付けることです。書式で表すと以下です。

> **書式**
> ライブラリの名前．関数名（引数）

ライブラリの名前のあとに、目的の関数名を記述します。そのあとにカッコと引数を記述します（図1）。

> **図1** ライブラリの関数を実行するコードの書式

ライブラリの名前.関数名(引数)

ライブラリの名前　ピリオド　関数名

ピリオドは必ず半角で書いてね

また、引数が複数あるライブラリの関数の場合は以下になります。

> **書式**
> 
> ライブラリの名前.関数名(引数1, 引数2・・・)

複数の引数を「,」（カンマ）で区切って並べていきます。この点は組み込み関数と同じです。

書式の解説は以上です。繰り返しになりますが、print関数のような組み込み関数とは異なり、「ライブラリの名前.」が関数名の前に付けることが大きな違いです。

なお、書式の「ライブラリの名前」の部分は、厳密にはライブラリではなく、別の意味のものの名前を記述することになります。実質的な正体はライブラリと同じと思っても実用上は問題ないのですが、5-4節で正確な知識を改めて解説します。

## ライブラリの関数の例

ライブラリの関数を実行するコードの書式の基礎を学んだところで、具体例を紹介します。mathライブラリの「sqrt」という関数です。前節のプロンプト1の回答にもプロンプト2の回答にも、例として登場したライブラリの関数です。

mathは先述のとおり、数学の計算のライブラリです。「sqrt」はそのなかの関数のひとつであり、平方根を求める関数です。書式は以下です。

> **書式**
> 
> math.sqrt(数値)

引数に目的の数値を指定すると、その平方根が戻り値として返されます。

例えば、数値の16の平方根を求めたければ、引数に16を指定して、以下のように記述します。

**コード**
```
math.sqrt(16)
```

これで、16の平方根である4が戻り値として返されます。もちろん、このコードの前に、mathライブラリをインポートする下記のコードが不可欠です。

**コード**
```
import math
```

これらのコードをまとめた例が、前節のプロンプト1の回答にもプロンプト2の回答にも載っています。抜粋すると以下です。

**コード**
```
import math

# 16の平方根を計算して表示する
print(math.sqrt(16))  # 結果は「4」
```

コメントの部分を取り除くと以下になります。

**コード**
```
import math

print(math.sqrt(16))
```

このコードでは、mathライブラリのsqrt関数のコード「math.sqrt(16)」を、print関数の引数に指定しています。よって、「math.sqrt(16)」の戻り値である数値の4（16の平方根）が、print関数の引数に渡されることになります。その結果、数値の4が出力されます。

## ライブラリの関数を体験しよう

それでは、お手元の開発環境を用いて、ライブラリの関数の体験として、このコードを実際にJupyter Notebookに入力・実行してみましょう。

もし、お手元のChatGPTの回答に、前節のプロンプト1およびプロンプト2の回答に載っている下記コードと同じものがあれば、そのままコピーし、Jupyter Notebookのセルに貼り付けて入力してください。コメントは残したままのコードです。

## 5-2 ライブラリの関数を実行するコードの基本的な書き方

```
コード
import math

# 16の平方根を計算して表示する
print(math.sqrt(16))   # 結果は「4」
```

　お手元のChatGPTの回答のコードが前節のプロンプト1およびプロンプト2と異なっていれば、下記のコードを手入力してください。コメントを取り除いたコードになります。

```
コード
import math

print(math.sqrt(16))
```

　コード入力できたら実行してください。すると、画面1のように4.0が出力されます。

▼画面1　16の平方根である4.0が出力された

```
[8]: import math

     # 16の平方根を計算して表示する
     print(math.sqrt(16))   # 結果は「4」

     4.0
```

この画面はコメントありのコードだよ

　繰り返しになりますが、この4.0は「math.sqrt(16)」の戻り値であり、16の平方根です。sqrt関数は平方根を求める関数であり、mathライブラリの関数の一つでした。sqrt関数は仕様として、求めた平方根は小数のかたちで返します。4ぴったりの場合、小数第1位の「.0」を付けて、「4.0」を返します。その戻り値である4.0がprint関数によって出力されました。ChatGPTの回答のコードには、コメント「# 結果は「4」」が記されており、計算結果は確かに4ですが、出力されるのは4.0です。

　mathライブラリにはsqrt関数の他にも、数学の計算関係の関数が何種類か用意されています。余裕があれば、ChatGPTに質問するなどして調べ、お手元の開発環境で試すとよいでしょう。

　また、お手元のChatGPTの回答のコードが前節のプロンプト1およびプロンプト2と異なっていた場合、余裕があれば、そのコードもJupyter Notebookにコピーして貼り付け、実行してみるとよいでしょう。

# 5-3 他のライブラリの関数も少し体験しよう

## 代表的なライブラリをChatGPTで探す

前節までにライブラリの関数の例として、数学の計算のライブラリであるmathに含まれている関数の1つとして、平方根を求めるsqrt関数を体験しました。第1章1-1節などでも強調したとおり、多彩で豊富なライブラリはPythonの強みの一つです。とにかく種類が多いので、どのようなライブラリがあるのか、どう使えばよいのかなどを調べるのは一苦労するもの。そのような作業も、ChatGPTに助けてもらうとよいでしょう。

例えば、代表的なライブラリを調べるために、ChatGPTに以下のプロンプトを送信したとします。代表的なライブラリを10個教えてもらう質問です。回答例は以下です。

> **プロンプト1**
> 代表的なライブラリを10個挙げてください。

> **回答例**
> Pythonには非常に多くのライブラリがあり、それぞれが特定の分野や用途に特化しています。以下は、Pythonでよく使われる代表的なライブラリ10個を紹介します。
>
> **1. NumPy**
> ・用途：数値計算や多次元配列の操作
> ・概要：科学計算やデータ分析の基礎となるライブラリで、効率的に数値データを操作できます。
>
> **2. pandas**
> ・用途：データ解析やデータ操作
> ・概要：表形式のデータを簡単に操作できるライブラリで、データフレームを使ってデータの読み込み、処理、分析ができます。
>
> **3. matplotlib**
> ・用途：データの可視化
> ・概要：グラフやチャートを作成するためのライブラリで、折れ線グラフ、棒グラフ、散布図など多くの形式に対応しています。
>
> **4. scikit-learn**
> ・用途：機械学習
> ・概要：機械学習モデルの構築や評価に使われるライブラリで、分類、回帰、クラスタリングなど幅広いアルゴリズムをサポートしています。
>
> **5. TensorFlow**

・用途：深層学習（ディープラーニング）
・概要： Googleが開発したライブラリで、AIやディープラーニングモデルを作成し、トレーニングするために使われます。

### 6. Keras
・用途：深層学習（ディープラーニング）
・概要： TensorFlowの上に構築されたライブラリで、シンプルかつ直感的にディープラーニングモデルを作成できます。

### 7. Flask
・用途：ウェブアプリケーションの開発
・概要： 軽量なウェブフレームワークで、簡単なウェブアプリやAPIを作成するのに向いています。

### 8. Django
・用途：ウェブアプリケーションの開発
・概要： 大規模なウェブアプリケーション開発に適したフレームワークで、認証システムや管理画面などの多機能が内蔵されています。

### 9. requests
・用途：HTTPリクエスト
・概要： ウェブサイトに対してデータを送受信するためのライブラリで、APIからのデータ取得などに使われます。

### 10. BeautifulSoup
・用途：ウェブスクレイピング
・概要： ウェブページからデータを簡単に抽出するためのライブラリで、HTMLやXMLファイルを解析して必要な情報を取得するのに便利です。

これらのライブラリは、それぞれ特定のタスクや分野に特化しており、Pythonを使ったさまざまなプロジェクトで活用されています。

　このようなさまざまなライブラリがあるのですが、挙げる数を10個に限定した関係から、一般的に定番と呼ばれるライブラリの中に、いくつか漏れがあります。例えば画像処理関係のライブラリが1つも含まれていません。
　プロンプトのコツとして、数を限定すると、回答がシンプルになってわかりやすくなる反面、このように漏れがあったり不十分であったりするケースもしばしば発生します。
　そのような際は追加で質問しましょう。例えば画像処理関係のライブラリを知るため、次のプロンプトを送信してみます。回答例は以下です。すべてではなく、冒頭から途中までを掲載しています。

**5-3** 他のライブラリの関数も少し体験しよう

> **プロンプト2**
>
> 画像処理の代表的なライブラリは何ですか？

**回答例**

画像処理に使われる代表的なPythonのライブラリをいくつか紹介します！

**1. OpenCV（オープンシーヴィー）**

・概要： 画像処理やコンピュータビジョンに広く使われる強力なライブラリです。顔認識や画像フィルタリング、オブジェクト検出など、多くの画像処理タスクをサポートしています。

・用途： 画像の読み込み、加工、解析、カメラの操作、リアルタイムの画像処理など。

・例：

```
import cv2
image = cv2.imread('image.jpg')
gray_image = cv2.cvtColor(image, cv2.COLOR_BGR2GRAY)
cv2.imshow('Gray Image', gray_image)
cv2.waitKey(0)
```

**2. Pillow（ピロー）**

・概要： シンプルで使いやすい画像処理ライブラリ。画像の読み込みや保存、サイズ変更、回転、フィルタの適用など、基本的な画像操作が可能です。PIL（Python Imaging Library）の後継ライブラリです。

・用途： 画像の基本的な編集（トリミング、リサイズ、フィルターなど）。

・例：

```
from PIL import Image
image = Image.open('image.jpg')
image = image.resize((100, 100))
image.show()
```

**3. scikit-image（サイキットイメージ）**

・概要： 画像処理のためのPythonライブラリで、NumPyに基づいており、高度な画像処理機能を提供します。フィルタリング、エッジ検出、セグメンテーションなどの機能があります。

・用途： 画像のフィルタリング、セグメンテーション、特徴抽出など。

以下略

回答例には、画像処理関係の代表的なライブラリが名前とともに、概要と用途と例のサンプルコードも一緒に載っています。「OpenCV」や「Pillow」の詳しい解説は割愛しますが、よく利用される定番ライブラリです。ChatGPTの回答の情報をもとに、自分が使いたいライブラリを探しましょう。そして、より具体的な使い方なども、ChatGPTにどんどん質問しましょう。

## Matplotlibでグラフを描いてみよう

ここで、プロンプト1の回答例に挙げられていたライブラリ「Matplotlib」を体験してみましょう。グラフを作成する定番のライブラリです。簡単な例のコードを書いて実行し、実際にグラフを作ってみるとします。

それでは、Matplotlibの簡単な例のコードをChatGPTに質問してみます。プロンプトと回答例は以下です。

**プロンプト3**

Matplotlibのごく簡単な例を教えてください。

**回答例**

Matplotlibでのごく簡単な例として、基本的な折れ線グラフを描く方法を紹介します。

**例：ごく簡単な折れ線グラフ**

```python
import matplotlib.pyplot as plt  # Matplotlibをインポート

# データを用意
x = [1, 2, 3, 4, 5]
y = [1, 4, 9, 16, 25]

# グラフを描画
plt.plot(x, y)

# グラフを表示
plt.show()
```

**説明**

1. `plt.plot(x, y)`: X軸のデータ x と、Y軸のデータ y を使って折れ線グラフを描きます。

2. `plt.show()`: 描いたグラフを表示します。

これだけで、数値データをもとにしたシンプルな折れ線グラフが表示されます。

上記回答には、基本的な折れ線グラフを描くサンプルコードが載っています。各コードの意味は、まだ学んでいない内容ばかりなので、ここではコメントに記されている処理の大まかな流れだけ把握できればOKです。その処理の大まかな流れとは、データを用意し、グラフを描画して表示するという3つの処理です（描画と表示の違いは5-5節で補足します）。

また、冒頭のコードでMatplotlibをインポートしていますが、「as」など、先ほど学んだインポート方法の基礎には登場していない応用的な仕組みが使われています。これについては、このあとすぐ次節で解説します。

とにかく上記回答のMatplotlibのサンプルコードをお手元の開発環境で実行してみましょ

## 5-3 他のライブラリの関数も少し体験しよう

う。では、Jupyter Notebookの新規セルに上記のサンプルコードをコピー＆貼り付けし、実行してください。すると、次のようにグラフが作成され、セル内に描かれます（画面1）。

▼**画面1** Matplotlibで折れ線グラフを作成して描いた

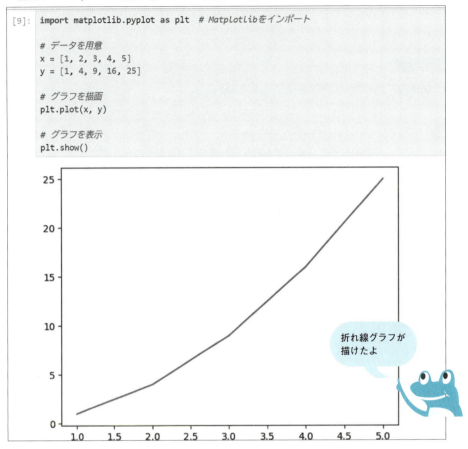

なお、画面1では、グラフの系列の色や軸の目盛など、書式は標準のものが自動で適用されていますが、好きな書式に設定することも可能です。

このように自分が使いたい用途のライブラリをChatGPTに教えてもらい、サンプルコードで実際に試して、どのようなライブラリなのかを把握するとよいでしょう。

また、上記プロンプト3で用いているコツが、「ごく簡単な」というフレーズです。ChatGPTはこのようなフレーズを入れず、単純に例のコードを質問すると、複雑なコードを回答する傾向があります。そういったコードは初心者にはわかりづらいので、もっとシンプルでわかりやすいコードにしてもらうべく、「ごく簡単な」のようなフレーズを入れました。このようなフレーズはPythonの文法・ルールを解説してほしい場合のみならず、サンプルコードを知りたい時にも有効なのです。

# 5-4 「モジュール」について知ろう

## ◉「モジュール」って何？

　ここからは、先ほどのMatplotlibの例のコードに記述されていた1行目のコード「import matplotlib.pyplot as plt」について、次節に掛けて解説します。

　コメントに記されているように、Matplotlibのライブラリをインポートするコードなのですが、前節で学んだ基礎以外の内容も含まれています。初心者には少々難しい内容かと思いますが、Pythonではよく用いられる方法であり、なおかつ、ChatGPTの回答のサンプルコードにもよく登場するので、ここで学んでおきましょう。

　まずは、このコード「import matplotlib.pyplot as plt」の意味をChatGPTに聞いてみましょう。プロンプトと回答例は以下です。

> **プロンプト1**
> import matplotlib.pyplot as pltの意味を教えてください。

> **回答例**
> import matplotlib.pyplot as plt は、PythonでMatplotlibライブラリのpyplotモジュールを使うための書き方です。
>
> **詳しく説明すると：**
> ・import：Pythonのキーワードで、外部のライブラリやモジュールをプログラムに読み込むために使います。
>
> ・matplotlib.pyplot：グラフを描くためのモジュールです。pyplotには、線グラフや棒グラフ、ヒストグラムなどを描くための関数がたくさん入っています。
>
> ・as plt：pyplotモジュールを短く呼ぶために、pltという別名(エイリアス)をつけています。これにより、コードの中で長い名前を毎回書かなくても、簡単に plt で使えるようになります。
>
> **まとめ**
> ```
> import matplotlib.pyplot as plt
> ```
> この1行で、Matplotlibのpyplotモジュールを plt という短い名前で使えるようにしています。

　このように、ChatGPTから提示されたサンプルのコードの中に、よくわからないコードがあれば、そのコードを丸ごとChatGPTに質問してみるのも有効です。以降のコードも同様です。

**5-4** 「モジュール」について知ろう

そして、上記回答には「モジュール」という初めて目にする用語が登場しました。ライブラリと同じ文脈で説明に使われているように一見思えますが、ライブラリと何が違うのでしょうか？　ChatGPTに聞いてみましょう。プロンプトと回答例は以下です。

**プロンプト2**

ライブラリとモジュールの違いを小学生でも理解できるよう教えてください。

**回答例**

ライブラリとモジュールの違いを小学生にもわかるように説明しますね！

**1．モジュールってなに？**
モジュールは、1つのファイルに便利な道具が入っている箱です。プログラムを作るときに必要な道具（関数や変数）が、その1つのファイルの中に入っています。

例：
・モジュールは1つのファイルです。たとえば、「math.py」というファイルがモジュールで、その中には数学の計算をするための道具が入っています。

使い方：
```
import math  # mathモジュールを使う
print(math.sqrt(16))  # sqrtは平方根を計算する道具
```

**2．ライブラリってなに？**
ライブラリは、いろいろなモジュールをまとめた大きな箱です。ライブラリの中には、たくさんのモジュール（小さい道具箱）が入っていて、特定のことをするためにまとめられています。

例：
・ライブラリはたくさんのモジュールを集めたセットです。たとえば、「Pandas」というライブラリには、データを扱うためのモジュールがいくつも入っています。

**違いをわかりやすく例えると：**
・モジュールは、1つの文房具（たとえば「はさみ」や「のり」）。
・ライブラリは、文房具セットみたいなもので、その中には、はさみ、のり、定規など、たくさんの道具が入っています。

**まとめ**
・モジュール：1つのファイルに便利な道具が入った箱。たとえば、math モジュールには数学の道具が入っています。
・ライブラリ： たくさんのモジュールをまとめた大きな道具箱。たとえば、Pandas というライブラリにはデータを扱うための道具がいろいろ入っています。

これで、モジュールとライブラリの違いがわかるね！

「モジュール」について知ろう **5-4**

上記のプロンプト2の回答を補足すると、関数の実体が「モジュール」であり、そのモジュールが複数集まったものがライブラリです。これまで述べたように、ライブラリには複数種類の関数が含まれており、個々の関数など実際にプログラムの中で使うもの（実体）がモジュールです。言い換えると、モジュールの集合がライブラリなのです。

さらに言えば、モジュールとライブラリの間には「パッケージ」と呼ばれる単位もあります。複数のモジュールが集まったのがパッケージであり、複数のパッケージが集まったものがライブラリという階層構造の関係になります（図1）。

**図1** ライブラリとモジュールとパッケージの関係

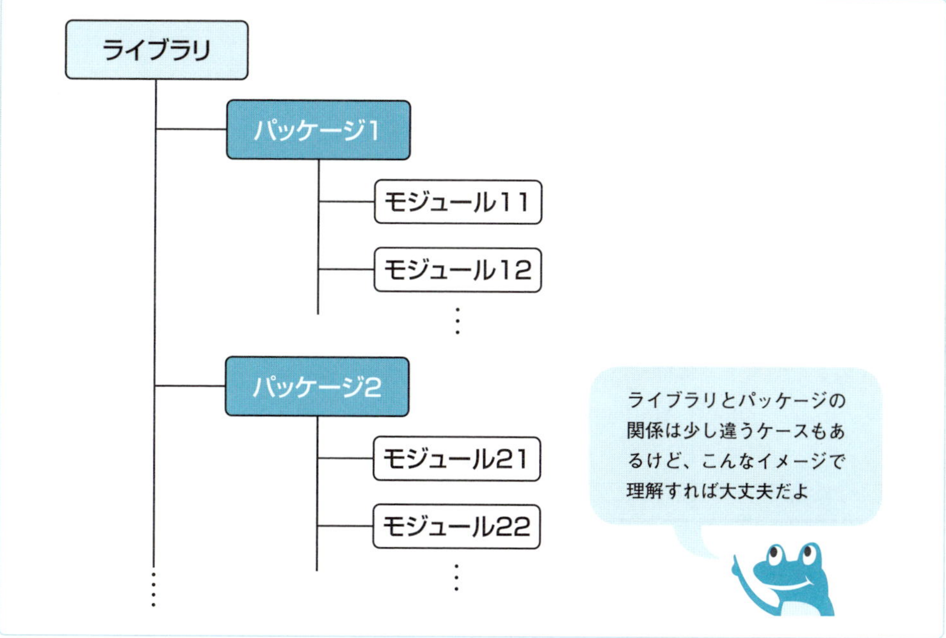

> ライブラリとパッケージの関係は少し違うケースもあるけど、こんなイメージで理解すれば大丈夫だよ

さて、コード「import matplotlib.pyplot as plt」では、importのうしろに「matplotlib.pyplot」とあります（「as plt」の部分は次節で解説します）。これはプロンプト1の回答例に記されているように、「Matplotlib ライブラリのpyplotモジュール」という意味です。同じくプロンプト1の回答例に記されているように、グラフを描くためのモジュールであり、線グラフや棒グラフ、ヒストグラムなどを描くための関数の集まりです。

そして、「matplotlib.pyplot」をよく見ると、「matplotlib」と「pyplot」の間に「.」（ピリオド）があります。これは「Matplotlib ライブラリのpyplotモジュール」という階層構造を表しており、この「.」がいわば階層の境界を表しています。

なぜ、こういった階層構造によって、指定したモジュール（今回はpyplot）をインポートするのかというと、もし、「import matplotlib」と記述すると、Matplotlibのすべてのモジュールをインポートすることになります。たくさんあるモジュールをインポートするのは、使わないモジュールや関数も含まれるなど非効率的でしょう。

**5-4** 「モジュール」について知ろう

そこで、使いたいpyplotモジュールだけインポートするのです。そのために、「matplotlib.pyplot」のように「.」を使い、ライブラリの中から目的のモジュールを指定できるようになっています。他にも管理しやすさなどから、階層構造になっています。

## インポートはモジュール単位が原則

ここまでモジュールについて学びました。ライブラリのインポートは厳密に言えば、原則、モジュールの単位で行います。前節で「import ライブラリの名前」というインポートの書式を解説しましたが、厳密には「ライブラリの名前」ではなく、「モジュールの名前」です。

> **書式**
>
> import モジュールの名前

さらにここで押さえておきたいのが、モジュールの名前は必ずしもライブラリの名前と同じではない、ということです。前節で登場したmathは、実はライブラリの名前もモジュールの名前も同じタイプです。そのため、「import math」とモジュールの名前を記述しました。

本節のMatplotlibは、ライブラリの名前は「Matplotlib」ですが、モジュールの名前は「matplotlib」です。前者は1文字目が大文字ですが、後者は小文字です。Pythonはルールとして、大文字と小文字を厳格に区別するので、「Matplotlib」と「matplotlib」は異なる名前になります。もし、「import Matplotlib」とモジュールの名前ではなくライブラリの名前を書いてしまうと、「そんな名前のモジュールはないよ！」とエラーになってしまいます。

このようにimportの後ろにはライブラリの名前ではなく、モジュールの名前を必ず書くよう気を付けてください。

なお、Matplotlibのようにライブラリの名前とモジュールの名前が非常に似ていて紛らわしいパターンとは逆に、全く異なるパターンがあります。例えば、前節のプロンプト2の回答に登場したライブラリ「OpenCV」のモジュール名は「cv2」であり、スペルから何から全く異なります。

本節はここまでに、コード「import matplotlib.pyplot as plt」の前半部分である「import matplotlib.pyplot」について、モジュールなどを学びました。残りの後半部分「as plt」は次節で学びます。

130

# 5-5 別名でインポートする方法を学ぼう

### ◉ モジュールに好きな名前を付けられる

本節は前節の続きとして、コード「import matplotlib.pyplot as plt」の後半部分「as plt」を解説します。この部分については、前節のプロンプト1の回答例に説明があります。以下、抜粋です。

> **回答例**
> as plt: pyplotモジュールを短く呼ぶために、pltという別名（エイリアス）をつけています。これにより、コードの中で長い名前を毎回書かなくても、簡単に plt で使えるようになります。

import文に「as」というキーワードを追加で使うと、インポートするモジュールを別名で使えるようにできます。その別名は、「import」や「print」など、Pythonで使われている名前以外なら、原則、プログラマーが自分で決められます。書式は以下です。

> **書式**
> import モジュールの名前 as 別名

「import モジュールの名前」までは、これまでに学んだインポートのコードと同じです。その後ろに、半角スペースに続けて「as」を記述し、さらに半角スペースを挟んで、別名を記述します。別名は原則、既存のモジュール名などと重複しなければ、自分の好きな名前を付けられます。このような書式に従って別名を定義すると、その別名を使ってコードを書くことができます。

「import matplotlib.pyplot as plt」のコードの場合、asの後ろに別名として「plt」と記述しています。よって、「matplotlib.pyplot」のモジュールを「plt」という名前でコードに書くことができます。

実際、前節でグラフを描いたコードには、次のようにコードが書かれていました。該当箇所を抜粋します。

> **コード**
> ```
> # グラフを描画
> plt.plot(x, y)
> 
> # グラフを表示
> plt.show()
> ```

1つ目のコードは、「plot」という関数を使っています。機能はグラフの描画です。この関

数名は本来、「matplotlib.pyplot.plot」と記述するのですが、モジュールの名前「matplotlib.pyplot」は「plt」という別名で書けるよう、「import matplotlib.pyplot as plt」でインポートしてあるので、「plt.plot」と記述できるのです（図1）。

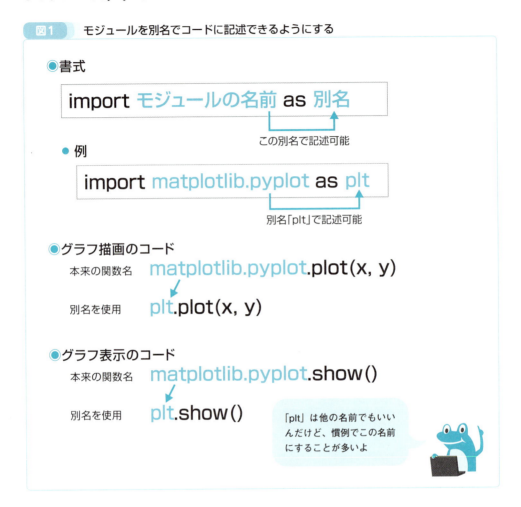

図1　モジュールを別名でコードに記述できるようにする

2つ目のコードも、「show」というグラフを表示する関数であり、本来は関数名を「matplotlib.pyplot.show」と記述するのですが、別名によって「plt.show」と記述できます。

この「plt」という別名は、他の名前にしてももちろんよいのですが、慣例的にこの「plt」がよく用いられます。

また、このサンプルコードでは、グラフを描画するplot関数を実行したのち、さらにグラフを表示するshow関数を実行しています。これはMatplotlibでは、両関数をそのように使うよう作られているからです。大まかに言えば、plot関数による描画とは、内部的にグラフを作る処理であり、それを画面上に表示する処理がshow関数という役割分担になっています。

なお、一部の開発環境では、show関数を使わずとも、plot関数だけでグラフを描画して画面に表示できるケースもありますが、原則show関数を使います。

# 5-6 リストの基礎の基礎を学ぼう

## ◉ リストは"箱"が複数連なったもの

　5-3節でグラフを描いたコードには、グラフの描画のplot関数と表示のshow関数の処理の前に、コメント「# データを用意」の箇所に以下のコードがあります。

コード
```
# データを用意
x = [1, 2, 3, 4, 5]
y = [1, 4, 9, 16, 25]
```

　コメントのとおり、グラフにプロットするデータを用意する処理です。これらのコードでは、「リスト」というPythonの仕組みを使っています。

　このリストについて、ここでは基礎の基礎として、仕組みの概要と作成の書式のみを学びます。そして、のちほど第8章にて基礎の続きとして、より詳しい使い方を改めて学びます。

　まずはリストの仕組みの概要です。リストは一言で表すなら、複数のデータをまとめて扱う仕組みです。イメージとしては、変数の"集まり"です。変数はデータを入れる"箱"というイメージでした。変数の"集まり"であるリストは、その"箱"が複数連なったイメージになります。これら一つひとつの"箱"のことを「要素」と呼びます（図1）。そして、要素（"箱"）の数を「要素数」と呼びます。まずは以上を押さえてください。

## 5-6 リストの基礎の基礎を学ぼう

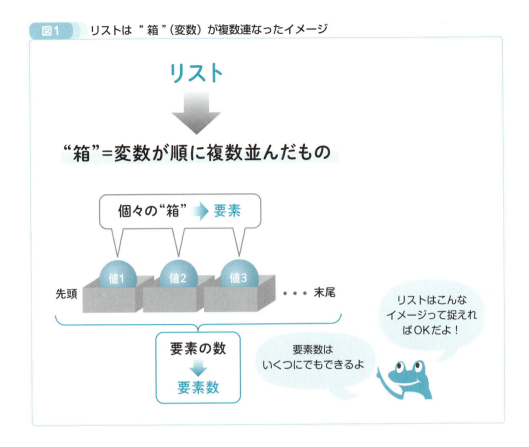

**図1** リストは"箱"(変数)が複数連なったイメージ

　前節のグラフを描くコードでは、グラフの横軸（X軸）と縦軸（Y軸）のデータとして、それぞれ5つの数値を用意しています。これら計10個の数値一つひとつを個々の変数に格納し、グラフ描画の処理に用いても決して誤りではないのですが、変数を10個も使うとなると、コードを記述したり、そもそも変数名を考えたりするのも大変です。

　そこで、横軸用のデータ5つと縦軸用のデータ5つをそれぞれまとめて効率よく扱えるよう、リストを使っているのです。コメント「# データを用意」の1行下のコード「x = [1, 2, 3, 4, 5]」が、横軸用の5つの数値のリストを作成するコードです。さらにその1行下のコード「y = [1, 4, 9, 16, 25]」が、縦軸用の5つの数値のリストを作成するコードです。

### ◉ リストを作成するコードの書き方

　続けて、リストを作成するコードの書き方を解説します。ChatGPTに質問してみましょう。プロンプトと回答例は以下です。

> **プロンプト1**
> リストを作成する基本的な方法を教えてください。

リストの基礎の基礎を学ぼう **5-6**

**回答例**

リストは、Pythonで複数の値を1つの変数にまとめて保存するためのデータ構造です。リスト
は、角括弧 [ ] を使って作成し、複数の要素をコンマで区切ります。

**リストの作成方法**

1. 空のリストを作成する

```
my_list = []
```

2. 要素を含むリストを作成する

```
fruits = ["apple", "banana", "cherry"]
numbers = [1, 2, 3, 4, 5]
```

3. 異なるデータ型の要素を含むリストを作成する

リストには、数値、文字列、ブール値、他のリストなど、異なるデータ型を混在させることが
できます。

```
mixed_list = [1, "hello", True, 3.14]
```

**リストの基本的な操作**

・リストにアクセスする

インデックス番号（0から始まる）を使って、特定の要素にアクセスできます。

```
print(fruits[0])  # "apple"
```

・リストに要素を追加する

append() メソッドを使って、新しい要素をリストの最後に追加します。

```
fruits.append("orange")
```

・リストの要素を変更する

インデックスを指定して要素を変更できます。

```
fruits[1] = "blueberry"
```

・リストの要素を削除する

remove() メソッドで、指定した要素を削除できます。

```
fruits.remove("cherry")
```

これが、Pythonでリストを作成し操作する基本的な方法です。

　上記回答例では、リストの作成に加え、操作方法まで含まれていますが、操作方法は第8
章で改めて解説するので、ここでは作成方法のみを解説します。

　さらにこの回答例では、作成方法を3パターン挙げていますが、ここでは2つ目の方法であ
る「2. 要素を含むリストを作成する」のみを解説するとします。これが作成方法の基本にな

## 5-6 リストの基礎の基礎を学ぼう

ります。書式で表すと以下です。

**書式**

[値1, 値2, 値3……]

　半角の「[」と「]」（角括弧）で全体を囲みます。その中に、要素となる値を「,」（カンマ）で区切りつつ、必要な数だけ並べます。この数が要素数になります。末尾（最後）の要素の値のみ、後ろの「,」は原則不要です。要素の値には数値や文字列などを指定できます。

　これで、指定した要素数のぶんだけ要素が用意され、先頭の要素から指定した順に値が格納され、リストが生成されます。

　なお、Pythonの文法・ルールとしては、それぞれの「,」の後ろの半角スペースは入れなくても構いませんが、入れた方が各要素の値がより見やすくなるのでオススメです。本書では、半角スペースを入れるとします。また、末尾（最後）の要素の後ろの「,」は、Pythonの文法・ルールとして、入れても構いません。本書では入れないとします。

##  リストは変数に入れて使える

リストは変数に格納して使うこともできます。むしろ、ほとんど場合、変数に格納して使います。そのコードの書式は以下です。

**書式**

変数名 = [値1, 値2, 値3……]

先ほど学んだリストの書式を、「=」演算子で丸ごとそのまま変数に代入するかたちになります。リストの作成と変数への格納を同時に行うコードになります。

リストを変数に格納すると、そのリストをその変数で扱えるようになります。つまり、リストを変数に代入したあとは、コードにその変数名を記述すれば、リストそのものとして処理に用いることができます。

リストを格納した変数名はリストの名前と見なせます。そのため、一般的には「リスト名」と呼ばれます。本質的には変数なのですが、リストが格納されているので、その変数名のことをリスト名と呼ぶだけです。単なる呼び方の便宜上の違いにすぎないので、あまり難しく考えずに、この呼び方を使えば構いません。

リストは変数に格納して使う例が、プロンプト1の回答例の「2. 要素を含むリストを作成する」に以下のとおり載っています。

**コード**

```
fruits = ["apple", "banana", "cherry"]
numbers = [1, 2, 3, 4, 5]
```

2つのリストを作成し、変数に格納しています。1つ目は1行目のコードです。リストの要素は3つの文字列「apple」、「banana」、「cherry」です。格納先の変数名は「fruits」です。よって、この変数fruitsはリストfruitsとして使え、コードに記述すると、3つの要素である文字列「apple」、「banana」、「cherry」を処理に使えます。本書でもこのような呼び方を解説に用いるとします。

2つ目は2行目のコードです。リストの要素は1〜5の5つの数値です。格納先の変数名は「numbers」です。よって、この変数numbersはリストnumbersとして使え、コードに記述すると、5つの要素である1〜5の数値を処理に使えます（図2）。

5-6 リストの基礎の基礎を学ぼう

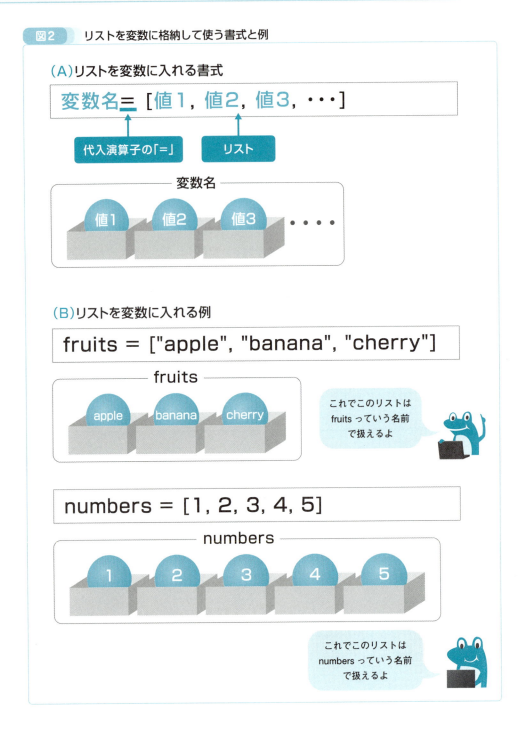

図2　リストを変数に格納して使う書式と例

　この例の後者のように、数値を要素とするリストを変数に格納して使う一例が、前節でグラフを描いたコードのコメント「# データを用意」の箇所です。以下に改めて抜粋します。

```
# データを用意
x = [1, 2, 3, 4, 5]
y = [1, 4, 9, 16, 25]
```

　先述のとおり、コード「x = [1, 2, 3, 4, 5]」が、横軸用の5つの数値のリストを作成するコードです。コード「y = [1, 4, 9, 16, 25]」が、縦軸用の5つの数値のリストを作成するコードです。変数xも変数yもともに、5つの数値を要素とするリストを格納しています。よって、変数xはリストx、変数yはリストyとして、ともに要素である5つの数値を以降の処理に使えます。

　このグラフを描いたコードでは、変数x（リストx）と変数y（リストy）は、そのすぐ下のグラフを描画する処理のコードで使っています。plot関数の引数にそれぞれ指定しています。

```
# グラフを描画
plt.plot(x, y)
```

　plot関数は書式として、第1引数に横軸のデータ、第2引数に縦軸のデータをそれぞれリストで指定するよう決められています。この第1引数にリストx、第2引数にリストyを指定することで、それらの5つの要素の数値を横軸と縦軸に使ってグラフを描画したのです。

　このようにリストを使うことで、横軸用に5つの数値と縦軸用の5つの数値をそれぞれまとめて扱ったのです（図3）。

## 5-6 リストの基礎の基礎を学ぼう

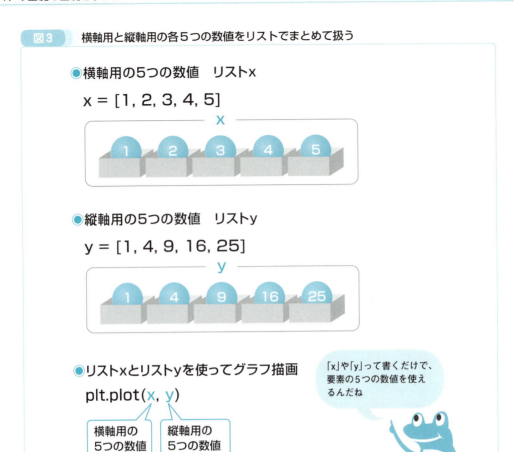

図3 横軸用と縦軸用の各5つの数値をリストでまとめて扱う

　解説が長くなりましたが、以上がリストの基礎の基礎です。基礎の基礎といっても、学ぶ内容の量が多く、初心者には大変だったことでしょう。リストには他にも学ぶべきことがいくつかあります。それらは第8章で解説します。

## 5-7 さらに知っておきたいライブラリの仕組みと知識

 「from import」文も知っておこう

　本章ではここまでにライブラリの基礎を主に学んできました。本節では、それらに加えて知っておきたい仕組みと知識を学びます。

　まずは「from import」文です。インポートでasによる別名と並び、知っておきたい仕組みです。5-3～5-5節のMatplotlibのサンプルコードには使われていませんでしたが、通常はよく使われます。本節にて簡単に紹介します。

　from import文は、モジュールのなかから必要なものだけインポートする仕組みです。5-4節で学んだ「.」を使った階層構造の記述と目的は同じですが、from importは必要な関数だけをピンポイントでインポートでき、なおかつ、その関数名の記述を短くできるというメリットがあります。ChatGPTに質問したプロンプトと回答例は以下です。

**プロンプト1**

import from の使い方を小学生でも理解できるよう教えてください。

**回答例**

import from の使い方を小学生でもわかるように説明するね！

**1. import とは？**
　まず、「import」は、道具箱を開けて使うということだと考えてください。プログラムを書くとき、便利な道具（関数や変数など）を使いたいときに「import」を使って、その道具を取り出して使えるようにします。

**2. from って何？**
　「from」は、その道具箱の中から特定の道具だけを取り出すときに使います。たとえば、大きな道具箱の中にはたくさんの道具があるけれど、その中の1つか2つだけを使いたいときには「from」を使って、特定の道具だけを選んで取り出すんです。

**例えで説明！**
想像してみてね。たくさんの文房具が入った「文房具箱」があります。この箱には、はさみ、のり、消しゴムなど、いろんな道具が入っています。

1.「import」は、文房具箱全体を取り出す感じ。

　例：
```
import 文房具箱
```

2. でも、文房具箱全体を持ってくると、重たいし、全部は使わないかもしれないよね？その

**5-7** さらに知っておきたいライブラリの仕組みと知識

とき、「from」を使って、特定の道具（たとえばはさみだけ）を取り出せるんだ。

例：

```
from 文房具箱 import はさみ
```

このように、from import を使うと、大きな道具箱（モジュール）から、必要な道具だけを選んで使うことができます。

### Pythonの例

たとえば、math という名前の数学用の道具箱（モジュール）があります。この中にはいろいろな数学に使う道具が入っているけれど、今回は「平方根」を計算する道具（sqrt）だけを使いたいとします。

1. 全体をインポートする方法：

```
import math
print(math.sqrt(16))  # 16の平方根を計算する
```

2.「from import」で平方根の道具（sqrt）だけを取り出して使う方法：

```
from math import sqrt
print(sqrt(16))  # 16の平方根を計算する
```

このように、「from import」を使うと、必要な道具だけを取り出して、すぐに使えるようになります！

### まとめ

・import: 道具箱全体を使うとき。
・from import: 道具箱から特定の道具だけを取り出して使うとき。

これで、プログラムを書くときに必要な道具を上手に取り出して使えるようになるよ！

from import文の書式を改めて以下に提示します。

**書式**

```
from モジュールの名前 import 関数名
```

　上記の回答例にあるように、例えば、5-1節で体験したmathライブラリのsqrt関数は、同節のコードでは「math.sqrt」のように、モジュールの名前と「.」と関数名を記述しました。これをfrom import文で以下のようにインポートしたとします。

```
from math import sqrt
```

　すると、上記の回答例にあるように、単に「sqrt」と記述すれば済むようになります。モジュールの名前と「.」である「math.」を書かなくてもOKになります。これによって、コードを入力する手間が減らせるとともに、全体がスッキリ見やすくなるなどのメリットが得られます（図1）。

図1　from import文の仕組みとメリット

　このfrom import文も、asによる別名とともによく使われるので、覚えておきましょう。

　また、プロンプト1の回答は、「小学生でも理解できるよう教えてください。」という質問を何度も繰り返した関係で、口調がフランクなりました。あわせて、説明にたとえ話が増えました。かといって、わかりやすくなったわけではありません。「小学生でも理解できる〜」をあまり繰り返すと、回答がこのようになってしまうので、よりわかりやすく回答して欲しいなら、「できるだけ噛み砕いて」など、別のフレーズに変えてみるとよいでしょう。

## ライブラリについて、これも知っておくとベター

本章はここまでに、ライブラリを解説してきました。最後に、ライブラリについてさらに知っておくとよい知識をザッと紹介します。

### ライブラリには大きく2種類ある

Pythonのライブラリは大きく分けて、「標準ライブラリ」と「サードパーティーのライブラリ」の2種類に分類できます。標準ライブラリはPythonに標準で付属しているライブラリであり、すぐに使うことができます。一方、サードパーティーライブラリは標準で付属していないので、使うにはユーザーがインストールする必要があります。

ただし、本章で採用した開発環境のAnacondaには、標準ライブラリはもちろん、定番のサードパーティーのライブラリが最初から揃っています。Anacondaをインストールさえすれば、それらのサードパーティーのライブラリをすぐに使えます。

さらに言えば3種類目として、自分のオリジナルのライブラリを作成して使うこともできます。

### ライブラリに含まれているのは、関数だけではない

初心者には少々難しいのですが、ライブラリは種類によっては、関数以外のものも含まれています（図2）。具体的に「クラス」などです。クラスについては、第8章で少しだけ解説します。この時点では、「ライブラリには関数以外もある」とだけ把握していればOKです。

図2　ライブラリに含まれているものの種類

ライブラリの学習は以上です。第1章などで述べたとおり、ライブラリはPythonの強みなので、ぜひとも積極的に使いましょう。次章では「条件分岐」を学びます。

# 第6章 アプリを作りながら「条件分岐」を学ぼう

本章では、条件分岐を学びます。その際、ある1つのアプリを作成しながら学んでいきます。あわせて、アプリ作成におけるChatGPTのさらなる活用も紹介します。

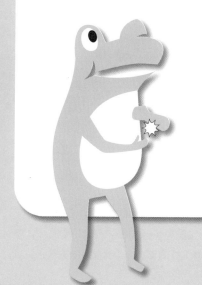

# 6-1 目的のプログラムをChatGPTに作ってもらいつつ学ぼう

## 条件分岐とループはこのスタイルで学ぶ

　前節までに、Pythonのキホンとして、関数（組み込み関数、ライブラリの関数）、変数、演算（代入と数値計算）、リスト（基礎の基礎のみ）を学びました。本章からは、第2章2-2節で提示したように、「もし〜なら（条件分岐）」と「繰り返し（ループ）」を学んでいきます。前者は本章で、後者は次章で学びます。また、本書では以降、「もし〜なら（条件分岐）」は単に「条件分岐」、「繰り返し（ループ）」は単に「ループ」、と呼ぶとします。

　これから本章にて条件分岐を学ぶにあたり、ここからは学ぶスタイルを変えるとします。ChatGPTのさらなる活用方法を使ったスタイルになります。

　前章までは関数などを学ぶ際、まずはChatGPTに仕組みの概念や全体像、基本的な文法・ルールなどを質問し、その回答で学びました。また、回答に含まれていたサンプルコードをJupyter Notebookで記述・実行して体験しました。

　このような概念や文法・ルールが出発点となるスタイルでももちろんよいのですが、本章と次章では、ちょっとした1つのアプリを作成していくなかで、条件分岐とループを学んでいきます。そのアプリのプログラムを最初にChatGPTに作ってもらいます。ChatGPTは「こんなプログラムを作りたいから、コードを教えて」のように質問すると、そのコードを回答してくれるのです。そして、そのコードの中から、条件分岐とループを学ぶとします（図1）。

**図1** 目的のプログラムをChatGPTに作ってもらい、条件分岐とループを学ぶ

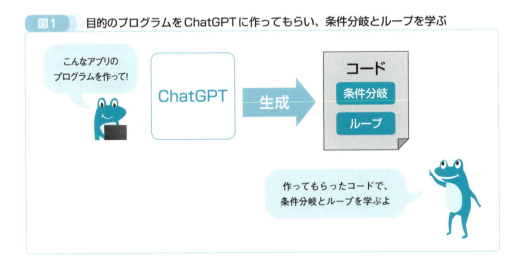

　本章以降はPythonの学習スタイルとして、まずは自分が作りたいプログラムをChatGPTに作ってもらい、そのコードに登場する仕組みの概念や文法・ルールを学んでいく流れになります。概念や文法・ルール単位で学んでいくよりも、より実践的であり、学習のモチベーションもより上がるスタイルと言えるでしょう。

実は第5章にて、Matplotlibライブラリを使ってグラフを描いた際も、グラフを描くプログラムをChatGPTにサンプルコードとして作ってもらい、そのコードに登場する仕組みの概念や文法・ルールを学びました。このスタイルをすでに体験したことになります。

なお、このようにChatGPTなどの生成AIにコードを作ってもらいながらプログラミングする行為は、一般的に「プロンプト・プログラミング」などと呼ばれることがあります。

## アプリ「連番付きフォルダー自動作成」を作ろう

さっそくChatGPTにアプリのプログラムを作ってもらいましょう。今回はプログラミング未経験のPython初心者向けの難易度であり、なおかつ、仕事で少し役に立ちそうなアプリとして、「連番付きフォルダー自動作成」を作るとします。

仕事などでデータを複数のフォルダーに分けて管理する際、「○○○1」、「○○○2」、「○○○3」……のように、フォルダー名の最初の何文字かは同じ文言で、その後ろに連番を付けることはしばしばあるでしょう。例えば「○○○」の部分を「データ」とするなら、「データ1」、「データ2」、「データ3」……という名前でフォルダーを複数作成することになります。

そのようなフォルダーを手作業で一つひとつ作成していては、多くの手間と時間を要するのはもちろん、フォルダー名の入力間違えなど、ミスの恐れも常につきまとうものです。そこで、そのような連番付きフォルダーの作成を自動化するのが、これから作成するアプリです。そのPythonのコードをChatGPTに作ってもらいます。

アプリ「連番付きフォルダー自動作成」の仕様はいろいろ考えられますが、今回は以下とします（図2）。

【仕様】
・フォルダーの作成場所はカレントディレクトリ以下にある「myData」フォルダーの中とする。myDataフォルダーはユーザーが自分であらかじめ作成しておく。

・作成するフォルダーの数は5つ。

・フォルダー名の連番より前の部分はユーザーが入力する。

・連番は1から開始する。

・フォルダー名の連番より前の部分の文字数は5文字以下とする。5文字より多ければ、プログラムを終了する。

## 6-1 目的のプログラムをChatGPTに作ってもらいつつ学ぼう

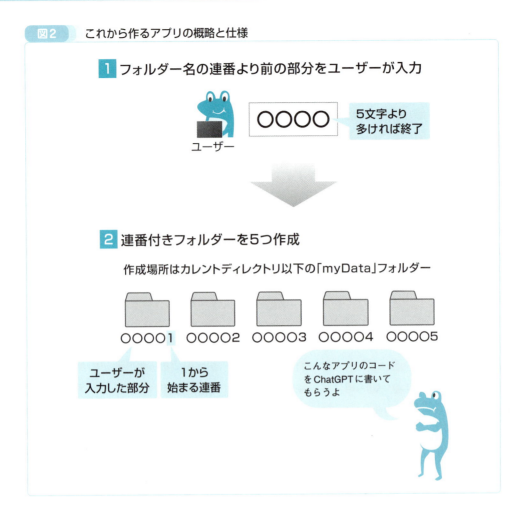

図2　これから作るアプリの概略と仕様

　ここで、「カレントディレクトリ」について解説します。「ディレクトリ」とはフォルダーと同じ意味ととらえてください。「カレント」とは「現在の」や「作業中の」のような意味ととらえればOKです。

　そして、カレントディレクトリは標準の"作業の場"となるフォルダーです。ここで言う"作業の場"とは、たとえばファイルやフォルダーを開くなどのコードを書いた場合、その処理が行われる場所のフォルダーになります。もちろん、カレントディレクトリ以外の場所にあるファイルやフォルダーを操作することも可能です。カレントディレクトリはあくまでも標準の"作業の場"という位置づけです。

　カレントディレクトリはWindowsなら通常、具体的には以下のフォルダーになります。

Cドライブの「ユーザー」フォルダー以下にある"ユーザー名"フォルダー

　カレントディレクトリのある場所は通常、Cドライブの「ユーザー」フォルダーの中です。

そして、カレントディレクトリ自体は名前を"ユーザー名"とするフォルダーになります。ここで言う"ユーザー名"とは、パソコン購入直後など初めてWindowsを起動した際に、ユーザーに応じて付けられる名前です。そのため、ユーザー名は人によって異なります。

　ご自分のユーザー名を確認する意味も含め、お手元のパソコンにて、カレントディレクトリである"ユーザー名"フォルダーを実際に開いて確認しておいてください。もし、どうしても自分のユーザー名およびカレントディレクトリがわからなければ、本節末コラムの方法で確認してください。

　そして、準備として、開いたカレントディレクトリの中に、「myData」フォルダーを自分で新規作成しておいてください（画面1）。エクスプローラー（フォルダー）のツールバーの［新規作成］→［フォルダー］をクリックするなどして、手作業で作成します。

▼**画面1　カレントディレクトリ内に「myData」フォルダーを手作業で作成**

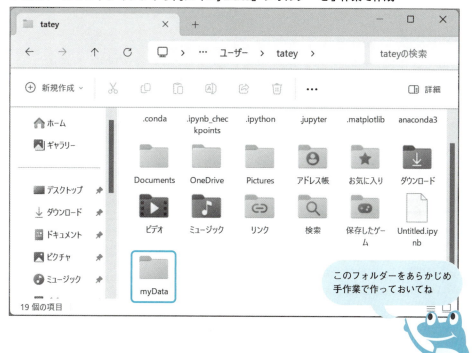

　カレントディレクトリの解説は以上です。続けて、アプリ「連番付きフォルダー自動作成」の仕様を少しだけ補足します。

　「myData」フォルダーの作成までも自動化してもよいのですが、プログラムをなるべくシンプル化するため、今回はその機能は設けないことにしました。

　作成場所はカレントディレクトリ以下の「myData」フォルダーに固定しています。ユーザーが入力して指定できるようにすることも可能ですが、プログラムをなるべくシンプル化するため、今回はその機能は設けないことにしました。

　作成するフォルダーの数を5としたのは、プログラムをなるべくシンプル化するためです。

**6-1** 目的のプログラムをChatGPTに作ってもらいつつ学ぼう

のちほど次章にて、ユーザーが個数を入力して指定できるよう、ChatGPTの助けを借りながらプログラムを変更することを体験していただきます。

フォルダー名の連番より前の部分の文字数を5文字以下としたのは、条件分岐が使われるよう、筆者が考えて調整した結果です。

## ChatGPTに作ってほしいプログラムを伝える

それでは、上記仕様のアプリ「連番付きフォルダー自動作成」のプログラムをChatGPTに質問して作ってもらいましょう。プロンプトは以下とします。

この質問は、どのようなプログラムを作ってほしいのかをChatGPTに伝えるものです。最初に、作りたいプログラムの概要を書き、そのあとに詳細として、先ほど挙げた仕様を箇条書きで挙げています。あわせて、細かい仕様の追加として、フォルダー名（連番より前の部分）の入力時やフォルダー名が5文字より多い場合に表示するメッセージの内容を加筆しています。

---

**プロンプト1**

複数のフォルダーを作成するコードを教えてください。条件は以下です。

#条件
・作成場所はカレントディレクトリ以下にあるmyDataフォルダー。
・作成する数は5つ。
・フォルダー名はユーザーが入力する。その際、「フォルダー名を5文字以内で入力してください：」と表示する。
・作成するフォルダーは「フォルダー名」に連番を付けた名前にする。連番は1から始まる。
・フォルダー名が5文字より多ければ、「フォルダー名を5文字以内にしてください。」と表示し、プログラムを終了する。

---

プロンプトはこのような箇条書きスタイルでも、ちゃんと回答してくれます。ChatGPTの画面の入力フォームにて、箇条書きスタイルにするためプロンプトを途中で改行するには、Shift＋Enterキーを押してください。Enterキーだけだと、プロンプトが書きかけのまま送信されてしまうので注意しましょう。

なお、途中に改行がいくつもあり、かつ、これだけ長いプロンプトの場合、テキストファイルなど別の場所にあらかじめ書いておいてから、ChatGPTの画面の入力フォームにコピー＆貼り付けする方法もあります。書きかけなのに、改行しようと誤ってEnterキーで送信してしまう事態を防げて効率的です。

上記のプロンプト1を送信して得られた回答例は以下です。

---

**回答例**

以下は、指定された条件に基づいて複数のフォルダーを作成するコードです。

```python
import os

# フォルダー名をユーザーに入力してもらう
folder_name = input("フォルダー名を5文字以内で入力してください：")

# フォルダー名が5文字を超えたら終了
if len(folder_name) > 5:
    print("フォルダー名を5文字以内にしてください。")
else:
    # カレントディレクトリ以下のmyDataフォルダーに5つのフォルダーを作成
    base_dir = os.path.join(os.getcwd(), 'myData')

    # myDataフォルダーが存在しない場合は作成
    if not os.path.exists(base_dir):
        os.makedirs(base_dir)

    # 1から5までの連番付きでフォルダーを作成
    for i in range(1, 6):
        folder_path = os.path.join(base_dir, f"{folder_name}{i}")
        os.makedirs(folder_path)
        print(f"フォルダー '{folder_name}{i}' を作成しました。")
```

解説：

1. folder_name = input("フォルダー名を5文字以内で入力してください：")
・ユーザーにフォルダー名を5文字以内で入力してもらいます。

2. if len(folder_name) > 5:
・フォルダー名が5文字を超える場合は、「5文字以内にしてください」と表示し、プログラム
　を終了します。

3. os.path.join(os.getcwd(), 'myData')
・カレントディレクトリにある myData フォルダーのパスを作成します。os.getcwd() はカレ
　ントディレクトリのパスを取得します。

4. os.makedirs()
・指定されたパスにフォルダーを作成します。myData フォルダーが存在しない場合は、自動
　的に作成されます。

5. ループ for i in range(1, 6):
・1から5までの連番を付けたフォルダーを作成します。

　回答例には具体的なPythonのコードが生成されました。そのままJupyter Notebookにコ
ピー＆貼り付けすれば、目的の機能を備えたアプリ「連番付きフォルダー自動作成」が作成
できます。

**6-1** 目的のプログラムをChatGPTに作ってもらいつつ学ぼう

## コードをもっとシンプルにしてもらおう

ただ、このプログラムはプログラミング未経験のPython初心者には少々難しいと言えます。そこで、目的の機能を備え、仕様を満たしたうえで、もっとシンプルで簡単なコードにしてもらいましょう。追加の以下のプロンプト2を送信するとします。

**プロンプト2**

もっとシンプルなコードにしてください。

得られた回答例は以下です。

**回答例**

もっとシンプルなコードはこちらです。このバージョンでは、必要な処理だけに絞り込み、簡潔にしています。

```
import os

# フォルダー名を入力
folder_name = input("フォルダー名を5文字以内で入力してください: ")

# 5文字以内か確認
if len(folder_name) > 5:
    print("フォルダー名を5文字以内にしてください。")
else:
    # myDataフォルダー内に連番付きフォルダーを作成
    for i in range(1, 6):
        os.makedirs(f"myData/{folder_name}{i}")
        print(f"フォルダー '{folder_name}{i}' を作成しました。")
```

シンプルにしたポイント：

1. os.path.join の代わりに f"myData/{folder_name}{i}" で簡潔にパスを指定。

2. os.getcwd() を使わず、カレントディレクトリの myData に直接フォルダーを作成。

これで、シンプルかつ効率的にフォルダーを作成できます！

コードの分量が減り、シンプルになりました。この回答例の「シンプルにしたポイント」に書いていることは、大まかに言えば、より簡単な方法に変更したということです。それら以外にも、エラー処理を省いて必要な処理だけに絞り込むなどして、簡潔にした結果です。

これからこのコードを用いて、条件分岐とループを学んでいくとします。

プロンプトのコツとして、回答に得られたコードに対して、続けて「もっとシンプルにして」

のようなフレーズの質問を送信すると、この例のように、よりシンプル化されたコードが得られます。

　ChatGPTの傾向として、最初は複雑なコードを生成するケースが多々あります。その理由は、質問に指定した仕様以外にも、「こんな機能もあった方がよいですよ」のような提案のかたちで、追加で多くの機能が盛り込まれるからなどです。そのまま仕事で使用するなら、複雑なコードでよいのですが、初心者の学習に使うなら、最低限必要な処理だけに絞り込むなどして、よりシンプルなコードにした方が学習を効率的に進められるでしょう。

## 作成されたコードを動かしてみよう

　ChatGPTに作ってもらい、かつ、シンプル化したアプリ「連番付きフォルダー自動作成」のコードを、お手元の開発環境で実際に動かしてみましょう。ChatGPTの回答でコードの黒枠の右上にある［コードをコピーする］をクリックしてコピーし、Jupyter Notebookの新規セルに貼り付けて実行します。

　ただし、多くの読者のみなさんのお手元のChatGPTでは、恐らく誌面と異なるコードが生成されたことでしょう。その場合、本書ダウンロードファイルに上記回答からコードを抜き出し（下記）、テキストファイル「連番付きフォルダー自動作成.txt」として用意しましたので、そちらをコピーして貼り付けください。

**コード**

```python
import os

# フォルダー名を入力
folder_name = input("フォルダー名を5文字以内で入力してください: ")

# 5文字以内か確認
if len(folder_name) > 5:
    print("フォルダー名を5文字以内にしてください。")
else:
    # myDataフォルダー内に連番付きフォルダーを作成
    for i in range(1, 6):
        os.makedirs(f"myData/{folder_name}{i}")
        print(f"フォルダー '{folder_name}{i}' を作成しました。")
```

　コードをJupyter Notebookの新規セルに貼り付けられたら実行してください。「フォルダー名を5文字以内で入力してください:」と表示され、その右側に入力用の枠が表示され、その中にカーソルが点滅するので、フォルダー名の連番の前の部分を入力します。ここでは例として、「データ」と入力したとします（画面2）。

## 6-1 目的のプログラムをChatGPTに作ってもらいつつ学ぼう

▼**画面2　フォルダー名の連番の前の部分を入力**

```
[*]: import os

# フォルダー名を入力
folder_name = input("フォルダー名を5文字以内で入力してください: ")

# 5文字以内か確認
if len(folder_name) > 5:
    print("フォルダー名を5文字以内にしてください。")
else:
    # myDataフォルダー内に連番付きフォルダーを作成
    for i in range(1, 6):
        os.makedirs(f"myData/{folder_name}{i}")
        print(f"フォルダー '{folder_name}{i}' を作成しました。")
フォルダー名を5文字以内で入力してください: データ
```

ここでは「データ」って入力するよ

「データ」と入力し終わったら Enter キーを押して確定してください。すると、「フォルダー 'データ1' を作成しました。」のように、作成した5つのフォルダー名がJupyter Notebook上に出力されます（画面3）。なお、このように作成したフォルダー名を出力される機能は、プロンプト1では仕様に書かなかったのですが、ChatGPTが提案のかたちで追加した機能になります。

▼**画面3　作成した5つのフォルダー名が出力された**

```
# 5文字以内か確認
if len(folder_name) > 5:
    print("フォルダー名を5文字以内にしてください。")
else:
    # myDataフォルダー内に連番付きフォルダーを作成
    for i in range(1, 6):
        os.makedirs(f"myData/{folder_name}{i}")
        print(f"フォルダー '{folder_name}{i}' を作成しました。")
フォルダー名を5文字以内で入力してください:  データ
フォルダー 'データ1' を作成しました。
フォルダー 'データ2' を作成しました。
フォルダー 'データ3' を作成しました。
フォルダー 'データ4' を作成しました。
フォルダー 'データ5' を作成しました。
```

この出力機能はChatGPTが考えて追加したものだよ

Jupyter Notebookからエクスプローラーに切り替え、カレントディレクトリ以下にあらかじめ作成しておいた「myData」フォルダーを見ると、「データ1」〜「データ5」の5つのフォルダーが作成されたことがわかります（画面4）。先ほどフォルダー名の連番より前の部分は「データ」と入力したので、フォルダー名は「データ1」のように、「データ」に1から始まる連番が付いた形式に5つともなっています。

▼**画面4**　「myData」フォルダーに連番付きフォルダーが5つ自動作成された

　これで、ChatGPTが作成してくれたアプリ「連番付きフォルダー自動作成」のコードが、意図通り5つの連番付きフォルダーを自動作成できることが確認できました。ちゃんと動くプログラムをChatGPTが作ってくれたのです。質問に指定した仕様以外の機能が勝手に追加されたものの、実用上は十分です。

　さて、先ほどはフォルダー名の連番の前の部分として、「データ」を入力しました。仕様では、この部分は5文字以下と決めており、「データ」は3文字なので、そのまま連番付きフォルダーが作成されました。

　ここで試しに、フォルダー名の連番の前の部分に5文字より多い文字列を入力してみましょう。プログラムを再度実行し、5文字より多い文字列を入力してください。ここでは7文字ある「ChatGPT」を入力したとします（画面5）。

▼**画面5**　再び実行し、「ChatGPT」を入力

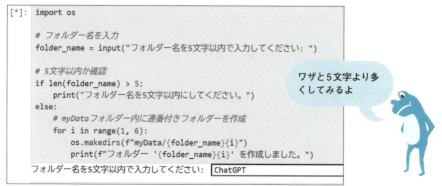

　Enterキーを押して確定すると、今度は「フォルダー名を5文字以内にしてください。」と

いうメッセージが出力されました（画面6）。

**▼画面6**　「フォルダー名を5文字以内にしてください。」が出力された

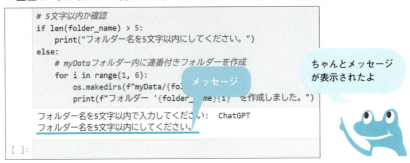

そして、カレントディレクトリ以下の「myData」フォルダーの中を見ると、「ChatGPT」で始まる連番付きフォルダーは一つも作成されていません（画面7）。

**▼画面7**　「ChatGPT」で始まる連番付きフォルダーは作成されない

これで、フォルダー名の連番の前の部分に5文字より多い場合でも、仕様通りに動作するプログラムであることが確認できました。

このように自分が欲しいプログラムをChatGPTに質問し、コードを教えてもらうことは、Python初心者を卒業したあと、活用の幅を広げていくうえで非常に有効です。

## コラム

### カレントディレクトリを確認する方法

　自分のユーザー名がどうしてもわからず、「ユーザー」フォルダーを開いても、その中のどのフォルダーがカレントディレクトリ（自分のユーザー名のフォルダー）なのかがわからなければ、次の方法でユーザー名を確認できます。
　Jupyter Notebookのノートブックの空のセルに以下のコードを入力してください。

```
import os

print(os.getcwd())
```

　入力できたら、[Run]ボタンをクリックして実行してください。すると、実行結果として次の画面のような文字列が出力されます。

▼画面　上記コードの実行結果

```
In [1]: import os
        print(os.getcwd())
        C:¥Users¥tatey
```

　筆者の環境では、「C:¥Users¥tatey」という文字列が出力されました。この文字列はユーザー名フォルダーの場所を表しています。複数の語句が「¥」で区切られており、最後の語句（上記画面では「tatey」）がユーザー名フォルダーを表します。この語句がユーザー名フォルダーの名前であり、カレントディレクトリになります。その前の「C:¥Users」の部分は「Cドライブの『ユーザー』フォルダー」を意味します。

　なお、このコードの「import os」の意味は次節で解説します。printのカッコ内にある「os.getcwd()」については、カレントディレクトリ（ここではユーザー名フォルダー）の名前を取得するための関数になります。
　また、ユーザー名フォルダーのアドレスバーは通常、「PC > Windows (C:) > ユーザー > tatey」といった形式で場所が表示されますが（「tatey」の部分はご自分のユーザー名になります）、クリックすると表示が「C:¥Users¥tatey」の形式に切り替わります。この内容は先ほどのコードで出力された文字列と同じであることがわかります。

## 6-2 ChatGPTが作成したコードを一つひとつ調べていこう

### ● ChatGPTが作成したコードをChatGPTに聞く

前節にて、ChatGPTに作成してもらったアプリ「連番付きフォルダー自動作成」のコードについて、どのような意味のコードなのか、どのような仕組みが使われているのかなど、ChatGPTに質問してみましょう。ChatGPTが作成したコードをChatGPTに聞いて調べるのです。

ここで、アプリ「連番付きフォルダー自動作成」のコードを改めて、前節のプロンプト2の回答から抜き出して以下に提示します。コメントや空白の行を除くと、実質はトータルで8行のコードになります。

**コード**

```python
import os

# フォルダー名を入力
folder_name = input("フォルダー名を5文字以内で入力してください: ")

# 5文字以内か確認
if len(folder_name) > 5:
    print("フォルダー名を5文字以内にしてください。")
else:
    # myDataフォルダー内に連番付きフォルダーを作成
    for i in range(1, 6):
        os.makedirs(f"myData/{folder_name}{i}")
        print(f"フォルダー '{folder_name}{i}' を作成しました。")
```

それでは、このコードを上から順に一つひとつChatGPTに質問していきます。質問のプロンプトは単純に、該当するコードに続けて、「を説明してください。」というフレーズを付けたものとします。念のため、コードがどこまでなのかよりわかるよう、コードのすぐ後ろにスペースを挟むとします。

まずは1行目の「import os」です。プロンプトと回答例は以下です。

**プロンプト1**

import os　を説明してください。

ChatGPTが作成したコードを一つひとつ調べていこう **6-2**

---

**回答例**

import os は、Pythonの標準ライブラリである os モジュールをプログラムに読み込むためのコードです。

## os モジュールとは？

・os モジュールは、オペレーティングシステム（OS）と対話するための機能を提供するライブラリです。これを使うと、Pythonからファイルやディレクトリの操作、環境変数の取得、プロセスの管理など、OSに関連するさまざまな操作が可能になります。

## import os の意味：

・import は、Pythonで別のモジュールをプログラムに読み込むためのキーワードです。
・os は、オペレーティングシステム関連の機能をまとめたモジュールです。

## import os の使い方：

1. ファイルやディレクトリの操作：
   ・例えば、os.makedirs() でディレクトリを作成したり、os.remove() でファイルを削除したりできます。

   ```
   os.makedirs("my_directory")  # 新しいディレクトリを作成
   ```

2. カレントディレクトリの取得：
   ・os.getcwd() を使って、現在の作業ディレクトリ（プログラムが実行されているディレクトリ）を取得することができます。

   ```
   current_directory = os.getcwd()
   print(current_directory)
   ```

3. ファイルやディレクトリのパス操作：
   ・os.path.join() を使って、ファイルパスを安全に連結することができます。

   ```
   path = os.path.join("my_directory", "my_file.txt")
   ```

## まとめ：

・import os は、os モジュールを使えるようにするためのコードです。これにより、ファイル操作やディレクトリの作成など、OSに関わるさまざまな機能をプログラムで利用できるようになります。

---

「os」とは、OS関連の操作をする標準ライブラリです。コード「import os」は、そのモジュールをインポートするコードです。モジュール名はライブラリ名と同じ「os」です。回答の例にあるように、ディレクトリ（フォルダー）の作成をはじめ、主にファイルやフォルダーを操作する関数が揃っています（フォルダーを作成する関数は、のちほど改めて解説します）。

今回のアプリ「連番付きフォルダー自動作成」では、フォルダーを作成する処理のコードが必要になるため、このosモジュールが必要であり、冒頭でインポートしているのです。

そのあとに具体的な関数の例やサンプルコードが続きますが、上記さえ把握できればOK

159

**6-2** ChatGPTが作成したコードを一つひとつ調べていこう

です。

なお、単にosの概要だけを手っ取り早く把握したければ、以下のプログラム2のように、プロンプト1に「簡潔に」というフレーズを加えます。回答例は以下です。

> **プロンプト2**
>
> import os　を簡潔に説明してください。

> **回答例**
>
> `import os` は、Pythonでファイルやフォルダの操作をするためのモジュールを読み込むコードです。これにより、ディレクトリの作成、ファイルの削除、カレントディレクトリの取得など、OSに関連する操作ができます。

具体的な関数の例やサンプルコードはありませんが、osの概要だけが簡潔に説明されており、すぐに全体像を把握できます。

## ユーザーがデータを入力できる「input」関数

次のコード「folder_name = input("フォルダー名を5文字以内で入力してください: ")」も質問してみましょう。2行目は空の行、3行目はコメントなので、次の処理はこの4行目のコードになります。

プロンプトと回答例は以下です。

> **プロンプト3**
>
> folder_name = input("フォルダー名を5文字以内で入力してください: ")　を説明してください。

> **回答例**
>
> `folder_name = input("フォルダー名を5文字以内で入力してください: ")` の動作を解説します。
>
> **1. input() 関数:**
> ・`input()` は ユーザーからの入力を受け取るための関数です。この関数を使うと、プログラムを実行中にユーザーにメッセージを表示して、入力を待ち、その入力されたデータを取得できます。
> ・"フォルダー名を5文字以内で入力してください:" は、ユーザーに表示されるメッセージです。入力を促すために表示されます。
>
> **2. folder_name =:**
> ・ユーザーが `input()` に入力した内容は文字列として取得され、その内容が `folder_name` という変数に保存されます。`folder_name` は、後でフォルダーの名前を指定する際に使われます。

**3. 動作の流れ：**

・プログラムがこの行に到達すると、画面に「フォルダー名を5文字以内で入力してください：」と表示され、ユーザーの入力を待ちます。

・ユーザーが何かを入力して Enter キーを押すと、その入力された文字列が folder_name に保存されます。

**例：**

もしユーザーが "data" と入力すれば、次のようになります。

```
folder_name = "data"
```

この場合、folder_name には "data" という文字列が格納され、後でフォルダーを作成する際に使われます。

**まとめ：**

・input() はユーザーからの入力を取得し、その入力を folder_name に保存するためのコードです。

・メッセージ「フォルダー名を5文字以内で入力してください：」が表示され、入力されたフォルダー名をプログラム内で利用できます。

代入の「=」演算子の右辺は、上記回答の1にあるように、「input」というユーザーからの入力を受け取るための関数です。回答例には載っていませんが、組み込み関数の一種です。基本的な書式は以下です。

**書式**

```
input(メッセージ)
```

引数には、メッセージを文字列として指定します。通常はどのようなデータを入力するのかなどをユーザーに伝えるメッセージを指定します。

実行すると、引数に指定したメッセージが表示された後ろにカーソルが点滅し、データの入力が可能になります。ユーザーがデータを入力し、 Enter キーを押して確定すると、そのデータがinput関数の戻り値として返されます。戻り値のデータ型は文字列型です。

その入力されたデータを、上記回答の2にあるように、代入の「=」演算子の左辺に記述した変数folder_nameに格納し、以降の処理に使います。

# 6-3 条件分岐の構文である「if」文の基礎を学ぼう

 **if 文の基本的な使い方を ChatGPT に質問**

　前節に引き続き、6-1 節で ChatGPT に作成してもらったアプリ「連番付きフォルダー自動作成」のコードについて、どのような意味のコードなのか、どのような仕組みが使われているのかなど、ChatGPT に質問してみましょう。次は 7 行目のコード「if len(folder_name) > 5:」です。6 行目のコメント「# 5 文字以内か確認」の次のコードです。プロンプトと回答例は以下です。

**プロンプト 1**

if len(folder_name) > 5:　を説明してください。

**回答例**

if len(folder_name) > 5: は、条件が真（True）かどうかを確認するための条件文です。この場合、フォルダー名の長さが 5 文字を超えているかどうかをチェックしています。

**詳しい説明：**

1. len(folder_name):
- len() 関数は、文字列やリストなどの要素の数（この場合は文字数）を取得します。
- 例えば、folder_name が "data" なら、len(folder_name) は 4 になります。"folder" なら、6 になります。

2. >（大なり）:
- これは「より大きい」という意味の演算子です。この場合、folder_name の文字数が 5 より大きいかをチェックしています。

3. if 文:
- if 文は、条件が 真（True）の場合にその後の処理を実行します。この場合、folder_name の文字数が 5 より大きい場合に、次の処理（エラーメッセージを表示して終了する）が実行されます。

**動作の流れ：**

- もしユーザーが 5 文字以上のフォルダー名（例えば "folder" など）を入力した場合、len(folder_name) は 6 になります。このとき、6 > 5 が真になるので、エラーメッセージが表示され、プログラムが終了します。

```
if len("folder") > 5:  # True (6 > 5)
    print("フォルダー名を5文字以内にしてください。")
    exit()
```

条件分岐の構文である「if」文の基礎を学ぼう **6-3**

・一方で、ユーザーが 5 文字以下のフォルダー名（例えば "data" や "test1"）を入力した場合、len(folder_name) は 5 以下ですので、この条件は False になります。この場合、プログラムはエラーメッセージを表示せず、次の処理に進みます。

**まとめ：**
・len(folder_name) > 5: は、ユーザーが入力したフォルダー名が 5 文字を超えているか確認するためのコードです。
・もし 5 文字を超えていれば、エラーメッセージを表示し、プログラムを終了させます。

　このコード「if len(folder_name) > 5:」は、6 行目のコメント「# 5 文字以内か確認」にあるように、入力されたフォルダー名の連番より前の部分の文字数が、5 文字以内かどうかを確認する処理です。

　この「if」が、条件分岐を行うための構文です。条件分岐とは一体何なのかも含め、この if 文の基本的な使い方をこれから次節にかけて解説していきます。なお、「構文」という用語の厳密な定義は気にしなくても実用上問題なく、「複数行のコードで 1 つの機能を実現する仕組み」ぐらいのザックリとした認識で構いません。

　さっそく if 文の基本的な使い方を ChatGPT に質問してみましょう。プロンプトと回答例は以下です。

**プロンプト2**

if 文の基本的な使い方を教えてください。

**回答例**

if 文は、条件が満たされているかどうか（True か False か）をチェックして、対応する処理を実行するための構文です。プログラムで条件分岐を実現する基本的な方法です。

**基本構文：**
```
if 条件:
    条件がTrueのときに実行する処理
```

**動作の流れ：**
条件が True（真）なら、その下に書かれている処理が実行されます。
条件が False（偽）なら、その処理はスキップされます。

**例1：数字の比較**
```
x = 10

if x > 5:
    print("xは5より大きい")
```

・この場合、x は 10 で、x > 5 の条件が True になるので、「xは5より大きい」というメッセー

ジが表示されます。

### 例2: if-else 構文

else を使うと、条件が満たされなかった場合の処理も指定できます。

```
x = 3

if x > 5:
    print("xは5より大きい")
else:
    print("xは5以下です")
```

- この場合、x は 3 なので、x > 5 の条件は False になります。
- そのため、else に書かれた「xは5以下です」が表示されます。

### 例3: if-elif-else 構文

複数の条件をチェックする場合は、elif を使います。

```
x = 5

if x > 5:
    print("xは5より大きい")
elif x == 5:
    print("xは5です")
else:
    print("xは5より小さい")
```

- まず x > 5 をチェックし、次に x == 5 をチェックします。
- x == 5 が True なので、「xは5です」が表示されます。

### まとめ：

- if 文は、条件を満たすかどうかによって処理を分けるために使います。
- 基本構文は if 条件: です。
- 必要に応じて、else や elif を使って他の条件や、条件が満たされなかった場合の処理も追加できます。

if文は上記のプロンプト2の回答の「まとめ」にあるように、条件を満たすかどうかによって、処理を分けることができる仕組みです（「True」と「False」は、このあとすぐ解説します）。言い換えると、指定した条件が成立するか成立しないかで、実行する処理を変えられます。条件とはたとえば、あるデータが指定した値より大きいかどうか、などです。このように条件に応じて処理を変えることが条件分岐です（図1）。

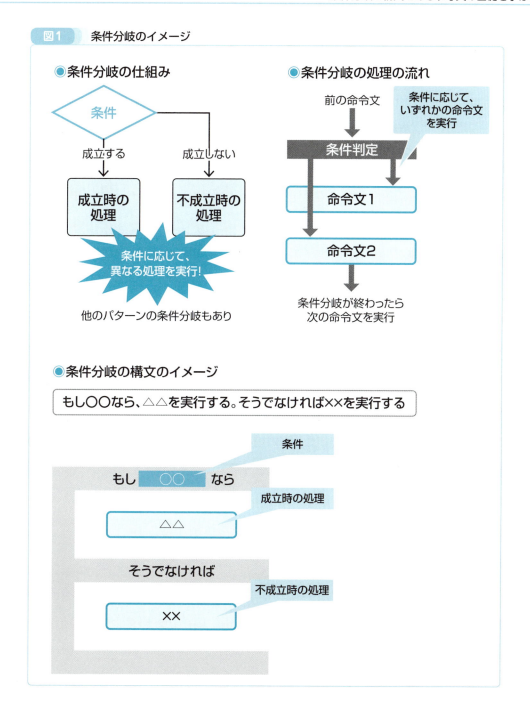

図1　条件分岐のイメージ

　繰り返しになりますが、この条件分岐のための構文がif文なのです。そして、プロンプト2の回答にもあるように、if文には構文が3種類あります。基本構文に加え、例2の「if-else」構文と例3の「if-elif-else」構文の計3種類になります。
　基本構文の書式は上記回答例に載っている以下です。

## 6-3 条件分岐の構文である「if」文の基礎を学ぼう

**書式**

```
if 条件:
    条件がTrueのときに実行する処理
```

「if」に続けて「条件」を記述し、その後ろに「:」を必ず付けます。「条件」の部分の書き方の詳細はこのあとすぐ解説します。

この「if 条件:」の下に、必ず一段インデントして、「条件がTrueのときに実行する処理」を記述します。「:」やインデントを忘れると、エラーになったり、意図通り動作しなかったりするので注意してください。

この書式に登場する「True」とは、「条件を満たしている」や「条件が成立する」という意味と捉えればOKです。日本語では「真」と呼ばれます。Trueとは逆に、「条件を満たしていない」や「条件が成立しない」という意味の「False」もあります。日本語では「偽」と呼ばれます。

また、TrueとFalseは「ブール型」というデータ型に分類されます。ブール型は第4章4-2節で名前だけ紹介しましたが、基本的なデータ型のひとつです。TrueとFalseの2種類だけという特殊なデータ型です。

if文の基本構文は、条件が成立する（True）なら、その下にインデントして書かれている処理が実行されます。必ずインデントして記述することが、Pythonの文法として非常に重要なので、しっかりと覚えましょう。

条件が成立しない（False）なら、その処理はスキップされ、何も実行されません。つまり、条件が成立する場合のみ、指定した処理を実行できます（図2）。

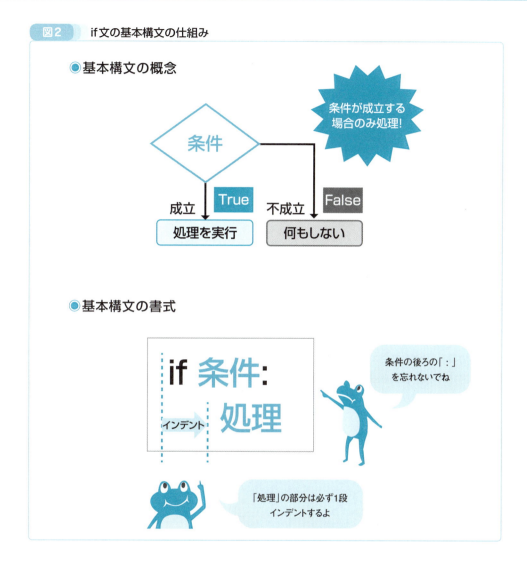

図2 if文の基本構文の仕組み

　また、「条件が Trueのときに実行する処理」の部分には、1行のコードのみならず、同じインデントに揃えて書けば、複数行に渡るコードでも実行できます。見方を変えると、コードのどこまでが条件が成立（True）するときに実行されるのかは、同じインデントで記述されているかどうかに着目すればわかります。

## 条件の記述に欠かせない「比較演算子」

　if文の条件のコードを記述するうえで、欠かせないのが「比較演算子」という仕組みです。第4章4-5節で名前だけ紹介しました。条件はこの比較演算子を使い、式のかたちでコードを記述します。

　プロンプト2の回答では、if文の基本構文の条件の部分には「x > 5」などが書かれています。また、プロンプト1でも、「>」は「これは『より大きい』という意味の演算子です。」と説明

**6-3** 条件分岐の構文である「if」文の基礎を学ぼう

されています。

　この「>」が比較演算子です。値を比較するための演算子です。比較演算子には種類が複数あり、「>」はそのひとつです。

　比較演算子の書式は以下です。

**書式**

値1　比較演算子　値2

　比較演算子の両辺に、半角スペースを挟み、比較したい2つの値を記述します。いわば式の形式で記述することになります。

　そして、その比較が成立するならTrue、成立しないならFalseを返します。例えば、以下のように「>」演算子の左辺に10、右辺に5を記述したとします。

**コード**
```
10 > 5
```

　この場合、10は5より大きいので、この比較は成立し、Trueを返します。

　次に左辺と右辺を入れ替えて、次のように記述したとします。

**コード**
```
5 > 10
```

　この場合、5は10より大きくはないので、この比較は成立しません。よって、Falseを返します（図3）。

条件分岐の構文である「if」文の基礎を学ぼう  6-3

**図3**　比較演算子「>」の例

●比較演算子の書式

●「>」演算子の書式

左辺は右辺より大きい?

●例1

10 > 5　➡ True

左辺は右辺より大きいので成立

比較演算子の判定結果は原則、
TrueかFalseのいずれかだよ

●例2

5 > 10　➡ False

左辺は右辺より大きくないので不成立

---

　実際に比較演算子を使う際は、上記の例のように両辺ともに数値を記述することはありません。通常はいずれか片方、もしくは両辺ともに変数を記述します。
　以上が比較演算子の基本的な使い方です。ここで、比較演算子は「>」以外に何があるのか、ChatGPTに質問してみましょう。プロンプトと回答例は以下です。

**プロンプト3**

> と似たような演算子を教えてください。

**回答例**

> と似たような演算子には、数値や値を比較するためのさまざまな演算子があります。それぞれ異なる条件で比較を行います。

**比較演算子一覧：**

1. <（小なり）:
・左側の値が右側の値より小さい場合に True を返します。
・例：5 < 10 は True

169

**6-3** 条件分岐の構文である「if」文の基礎を学ぼう

2. >= ( 大なりイコール ):
・左側の値が右側の値以上の場合に True を返します。
・例： 5 >= 5 は True、6 >= 5 も True

3. <= ( 小なりイコール ):
・左側の値が右側の値以下の場合に True を返します。
・例： 5 <= 5 は True、4 <= 5 も True

4. == ( 等しい ):
・左側の値と右側の値が等しい場合に True を返します。
・例： 5 == 5 は True、5 == 4 は False

5. != ( 等しくない ):
・左側の値と右側の値が等しくない場合に True を返します。
・例： 5 != 4 は True、5 != 5 は False

**まとめ：**
> と似たような演算子には、<, >=, <=, ==, != などがあり、それぞれ異なる条件で値を比較します。

　小さいかどうか、以上なのか、以下なのか、等しいのか、等しくないのかを調べる比較演算子が揃っています。

　比較演算子は数値のみならず、文字列にも使えます。その際は「等しい」の「==」演算子か、「等しくない」の「!=」演算子を使います。文字列同士の大小の比較は行わないので、使うのは「==」と「!=」だけになります。

　また、プロンプト3では、あえて「比較演算子」という語句は用いず、「> と似たような演算子」を質問しています。これもプロンプトのちょっとしたコツの一つです。自分が最初は「比較演算子」という用語を知らなくても、「>」という演算子が回答に初めて登場した際、「似たようなものは他にあるのか？」といった切り口でさらに質問すれば、そこから広がっていき、結果的に比較演算子を全般的に調べて学ぶことができます。また、結果的に用語を知ることもできます。用語を知らないなど、内容をピンポイントで指定して質問するのが難しいケースでは、こういった曖昧な質問でも効果的です。

## if文の基本構文は条件成立時のみ処理を実行

　比較演算子の基礎を学んだところで、if文の学習に戻ります。if文は図2の基本構文まで学びました。if文の条件は比較演算子を使って記述するのでした。

　if文の基本構文の簡単な例がプロンプト2の回答の「例1」に載っています。そのコードは以下です。

### コード

```
x = 10

if x > 5:
    print("xは5より大きい")
```

最初に変数xに数値の10を代入しています。その下に基本構文のif文のコードがあります。if文の条件の部分を抜粋すると以下になります。

### コード

```
x > 5
```

この条件は「変数xは5より大きい」という意味になります。変数xには10が格納してあるのでした。よって、「10は5より大きい」と同じ意味になります。この比較は成立するので、Trueを返します。

条件が成立すると、if以下のコード「print("xは5より大きい")」が実行されます。よって、文字列「xは5より大きい」が出力されます（図4）。

図4　if文の基本構文の例の処理の流れ

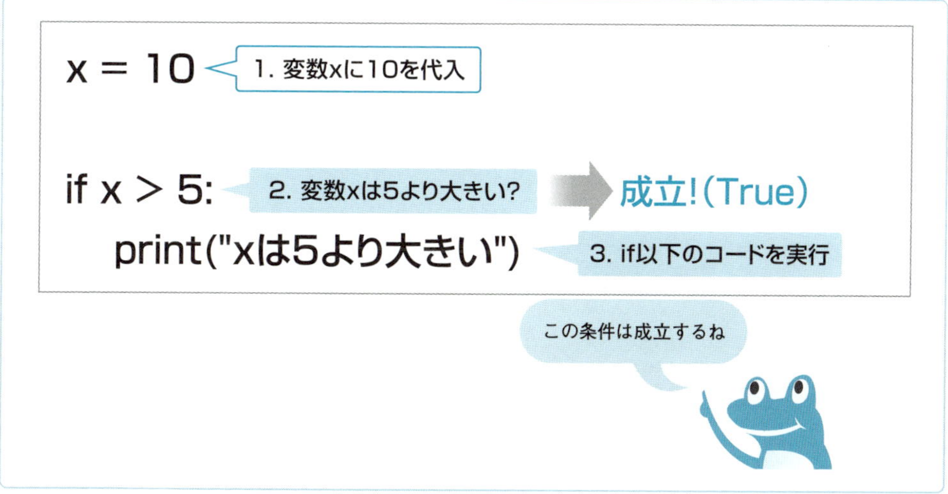

ここで、このif文の基本構文の例のコードをお手元の開発環境で体験しましょう。Jupyter Notebookの新規セルにコードを入力し、実行してください。すると、画面1のように「xは5より大きい」と出力されるのが確認できます。

▼**画面1**　「xは5より大きい」と出力された

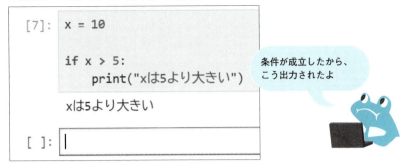

続けて、条件が成立しないケースも体験しましょう。変数xに代入する値を10から3に変更するとします。1行目のコードを以下のように書き換えてください。

▼**変更前**

```
x = 10

if x > 5:
    print("xは5より大きい")
```

↓

▼**変更後**

```
x = 3

if x > 5:
    print("xは5より大きい")
```

実行すると、今度は何も出力されません（画面2）。

▼**画面2**　コードを実行しても、何も出力されない

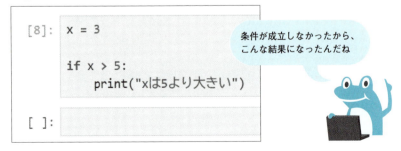

変数xに格納されている数値は3でした。よって、条件の「x > 5」は「3は5より大きい」と同じ意味になります。この比較は成立しないので、Falseを返します。条件が成立しないの

で、if以下のコード「print("xは5より大きい")」が実行されません。そのため、画面2のとおり何も出力されなかったのです。

　if文の書式の「if 条件:」以下に「条件が True のときに実行する処理」を一段インデントして記述することは、非常に大切なツボなので補足で解説します。
　「if 条件:」以下のコードがインデントされていないと、「条件が True のときに実行する処理」として書かれたコードと見なされなくなり、条件が成立した際に実行されなくなってしまいます。Pythonの文法・ルールではあくまでも、「if 条件:」以下にインデントして書かれているコードのみが、「条件が Trueのときに実行する処理」と見なされます。「if 条件:」と同じインデントの位置に書いたコードは、たとえ「if 条件:」のすぐ下の行に続けて記述したとしても、if文の一部とは見なされません。if文の下に続く別のコードと見なされてしまうのです。
　例えば、図5のように、「if x > 5:」の下にprint関数のコードを2つ記述したとします。1つ目の「print('こんにちは')」はインデントされているので、if文の一部と見なされ、条件が成立すると実行されます。2つ目の「print('さようなら')」はインデントされていないので、if文の一部と見なされません。if文の次に続く別のコードと見なされます。よって、if文の条件が成立しようがしまいが、第3章3-2節で学んだとおり、上から下へコードが順に実行されます。
　そのため、条件が成立した際に実行したい処理は、「if 条件:」以下で忘れずにインデントするよう、しっかりと覚えましょう。インデントしなくとも、文法・ルールに反しておらずエラーにならないため、初心者はインデントを忘れたことに気づきにくいものです。もし、条件が成立した際に意図した処理が実行されなかったら、インデントの有無を確認するよう習慣づけておくとよいでしょう。

図5　if文の基本構文の例の処理の流れ

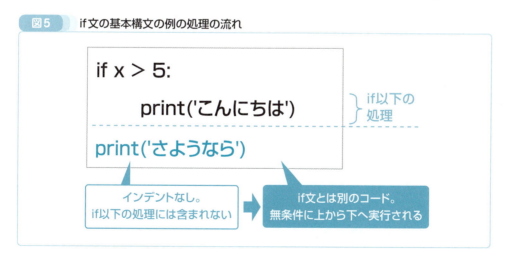

　if文の基本構文および比較演算子の基礎は以上です。次節では、if文の応用の構文である「if-else」構文の基礎を学びます。続けて、アプリ「連番付きフォルダー自動作成」の7行目のコード「if len(folder_name) > 5:」の解説の続きも行います。

## 6-4 条件が不成立の場合に指定した処理を実行する

### ● 条件不成立時は別の処理を実行できる「if-else」構文

　ここまでif文の基本構文および比較演算子を学んだのはそもそも、アプリ「連番付きフォルダー自動作成」の7行目のコード「if len(folder_name) > 5:」について、どのような意味のコードなのか、どのような仕組みが使われているのかなどを学ぶためでした。

　実はこの7行目のコードは、8行目のコード「print("フォルダー名を5文字以内にしてください。")」、さらには9行目の「else:」以降のコードとひとまとめになったif文です。このif文は9行目の「else:」があるため、基本構文ではなく、応用の構文である「if-else」構文です。まずは「if-else」構文の基礎を学びます。

　if-else構文は前節のプロンプト2でif文の基本的な使い方をChatGPTに質問した際、基本構文の下に「例2」として説明がありました。以下抜粋です。

---

**回答例**

**例2: if-else 構文**
else を使うと、条件が満たされなかった場合の処理も指定できます。

```
x = 3

if x > 5:
    print("xは5より大きい")
else:
    print("xは5以下です")
```

---

　if-else構文はifとともに「else」もセットで使います。上記の説明抜粋にあるように、条件が満たされなかった場合（不成立の場合）にも、指定した処理を実行できます。基本構文では、条件が成立した場合のみ、指定した処理を実行できました。条件が不成立の場合、何の処理も実行されません。

　それに対してif-else構文は、条件が不成立の場合にも、別の指定した処理を実行できます。言い換えると、条件が成立する場合と成立しない場合で、異なる処理を実行できます。この点が大きな違いです。

　if-else構文の書式は以下です。

---

**書式**

```
if 条件:
    条件がTrueのときに実行する処理
else:
```

> ### 条件がFalseのときに実行する処理

「if 条件:」以下には、条件が成立する際に実行する処理を記述します。言い換えると、比較演算子を使って記述した条件がTrue（成立）の場合に実行する処理を記述します。

「else:」（「else」と「:」）以下には、条件が成立しない際に実行する処理を記述します。言い換えると、条件がFalse（不成立）の場合に実行する処理を記述します。

「else:」は「if 条件:」と必ず同じインデントに位置に記述します。インデントの位置が異なっていると、エラーになるので注意してください。あわせて、「else」の後ろには、「:」を必ず記述します。この「:」を忘れると、エラーになるので気を付けましょう。

その下の「条件がFalseのときに実行する処理」は、必ず1段インデントします。このインデントを忘れると、エラーはなりませんが、意図通り動作しなくなるので注意してください。

この書式に従ってif-else構文を記述すると、条件が成立の場合と不成立の場合で、それぞれ指定した処理を実行できます。つまり、条件の成立／不成立によって、処理を変えることができます（図1）。

また、「条件が Falseのときに実行する処理」の部分には条件が成立（True）するときと同じく、1行のコードのみならず、同じインデントに揃えて書けば、複数行に渡るコードでも実行できます。見方を変えると、コードのどこまでが条件がFalseのときに実行されるのかは、同じインデントで記述されているかどうかに着目すればわかります。

「else:」以下に「条件が False のときに実行する処理」を一段インデントして記述することは、非常に大切なツボなので補足で解説します。このツボは基本的に、「if 条件:」以下に「条件が True のときに実行する処理」を一段インデントして記述することと同じです。

「else:」以下のコードがインデントされていないと、「条件が False のときに実行する処理」として書かれたコードと見なされなくなり、条件が不成立の際に実行されなくなってしまいます。Pythonの文法・ルールではあくまでも、「else:」以下にインデントして書かれているコードのみが、「条件が False のときに実行する処理」と見なされます。「else:」と同じインデントの位置に書いたコードは、たとえ「else:」のすぐ下の行に続けて記述したとしても、if-else構文の一部とは見なされません。if-else構文の下に続く別のコードと見なされてしまうのです。すると、if文の条件の成立／不成立に関係なく、そのコードが上から下へと必ず実行されてしまいます。

そのため、条件が不成立の際に実行したい処理は、「else:」以下で忘れずにインデントするよう、しっかりと覚えましょう。インデントしなくとも、文法・ルールに反しておらずエラーにならないため、初心者はインデントを忘れたことに気づきにくいものです。もし、条件が不成立の際に意図した処理が実行されなかったら、インデントの有無を確認するよう習慣づけておくとよいでしょう。

## 6-4 条件が不成立の場合に指定した処理を実行する

図1 if-else構文の仕組みと書式

### if-else構文を体験しよう

　if-else構文の基礎を学んだところで、お手元の開発環境で体験しましょう。前節のプロンプト2の回答の「例2」に載っていたサンプルコードを用いるとします。そのコードは以下です。

## 6-4 条件が不成立の場合に指定した処理を実行する

▼コード
```
x = 3

if x > 5:
    print("xは5より大きい")
else:
    print("xは5以下です")
```

　では、Jupyter Notebookの新規セルに以下のコードを入力し、実行してください。すると、画面1のように「xは5以下です」と出力されます。

▼画面1 「xは5以下です」と出力された

　変数xには1行目のコードによって数値の3が代入されています。if文の条件「x > 5」は「3 > 5」となり成立しません。よって、else以下のコード「print("xは5以下です")」が実行されます。
　次に条件が成立する場合も体験しましょう。変数xに代入する値を3から10に変更するとします。1行目のコードを以下のように書き換えてください。

▼変更前
▼コード
```
x = 3

if x > 5:
    print("xは5より大きい")
else:
    print("xは5以下です")
```

↓

▼変更後
▼コード
```
x = 10
```

177

## 6-4 条件が不成立の場合に指定した処理を実行する

```
if x > 5:
    print("xは5より大きい")
else:
    print("xは5以下です")
```

実行すると、今度は「xは5より大きい」と出力されます（画面2）。

▼**画面2** 「xは5より大きい」と出力された

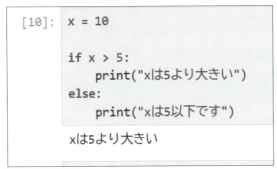

変数xに格納されている数値は10でした。よって、条件の「x > 5」は「10は5より大きい」と同じ意味になります。この比較は成立するので、Trueを返します。条件が成立するため、if以下のコード「print("xは5より大きい")」が実行されます。そのため、画面2のとおり「xは5より大きい」が出力されたのです。

このようにif-else構文では、条件が成立する／成立しないに応じて、異なる処理を実行できます（図2）。

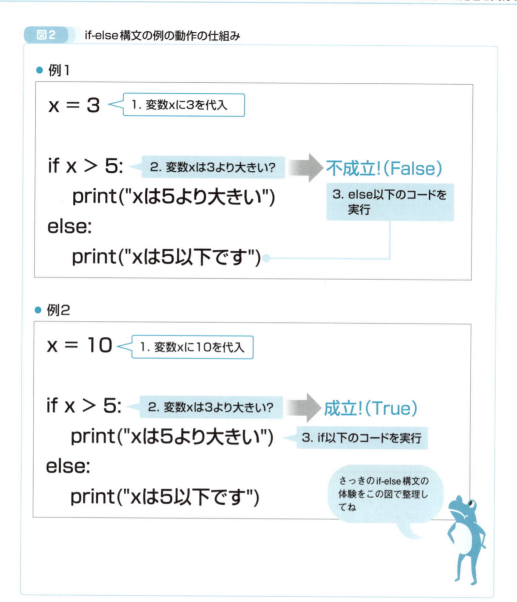

## フォルダー名が5文字以下かif-else構文でチェック

　if-else構文の基本的な使い方は以上です。それでは、アプリ「連番付きフォルダー自動作成」の7行目のコード「if len(folder_name) > 5:」の解説に戻ります。前節（6-3節）のプロンプト1の回答でも説明が少しありますが、改めて詳しく解説します。

　このコードの2行下の9行目には「else:」があります。よって、if-else構文であるとわかります。該当するコードは以下です。

## 6-4 条件が不成立の場合に指定した処理を実行する

**コード**

```
# 5文字以内か確認
if len(folder_name) > 5:
    print("フォルダー名を5文字以内にしてください。")
else:
    # myDataフォルダー内に連番付きフォルダーを作成
    for i in range(1, 6):
        os.makedirs(f"myData/{folder_name}{i}")
        print(f"フォルダー '{folder_name}{i}' を作成しました。")
```

　このif-else構文の終わりは、else以下に一段インデントされているコードの終わりです。改めてコードを眺めると、「else:」より下に書かれているコードはすべて一段インデント、もしく二段インデントされています。Pythonの文法・ルールとして、一段以上インデントされているコードも、else以下のコードに含まれることになります。この点も重要なツボです。よって、最後のコード「print(f"フォルダー '{folder_name}{i}' を作成しました。")」までが、else以下のコードに該当します。

　if-else構文の書式に照らし合わせると、「条件がTrueのときに実行する処理」がif以下に記述されている「print("フォルダー名を5文字以内にしてください。")」です。このコードが、条件が成立する場合に実行されます（図3）。

　「条件がFalseのときに実行する処理」がelse以下のコード――残りのすべてのコード」です。これらのコードが、条件が成立しない場合に実行されます。

**図3** アプリ「連番付きフォルダー自動作成」のif-else構文の大枠

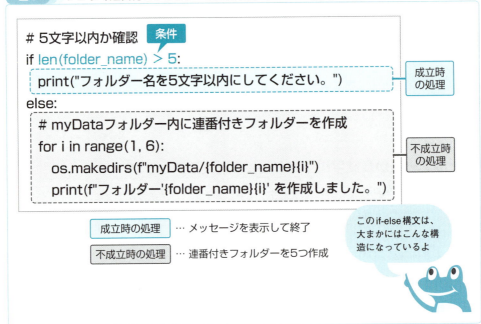

このif-else構文の条件を詳しく見ていきましょう。書式の「if 条件:」の「条件」にあてはまるのは「len(folder_name) > 5」です。「より大きい」という意味の比較演算子である「>」が使われています。

この条件はプロンプト1の回答の詳しい説明の1のとおり、入力されたフォルダー名の連番より前の部分の文字数が5より大きいかをチェックしています。

条件の左辺の「len(folder_name)」は、フォルダー名の連番より前の部分の文字数を取得する処理です。このコードではlen関数を使っています。len関数は第4章4-3節で登場しましたが、引数に指定した文字列の長さを数値として返す組み込み関数です。引数に指定している変数folder_nameは、4行目のinput関数のコードによって、フォルダー名の連番より前の部分の文字列が格納されているのでした。その文字列はinput関数によって、ユーザーが入力したものでした。

条件「len(folder_name) > 5」の右辺には数値の5を指定しています。したがって、「len(folder_name) > 5」は「フォルダー名の連番より前の部分の文字数が5より大きい」という意味になります。

この条件が成立する場合、フォルダー名の連番より前の部分の文字数が5より大きいことになります。すると、if以下のコードが実行されます。6-1節で提示した仕様では、5文字より多ければ、プログラムを終了するのでした。よって、この条件が成立する場合、6-1節で試した際の画面5のように、連番付きフォルダーの作成は行わず、「フォルダー名を5文字以内にしてください。」というメッセージを出力するだけです。そして、if-else構文の下には何のコードも記述していないので、以降は何の処理も実行されず、結果としてプログラムが終了されます。

逆にこの条件が成立しない場合、フォルダー名の連番より前の部分の文字数が5より大きくないことになります。言い換えると、5文字以内です。条件は成立しないので、else以下のコードが実行され、連番付きフォルダーの作成が行われます。

このような条件のif-else構文によって、フォルダー名が5文字より大きいかどうかで処理が変えられるのです（図4）。

## 6-4 条件が不成立の場合に指定した処理を実行する

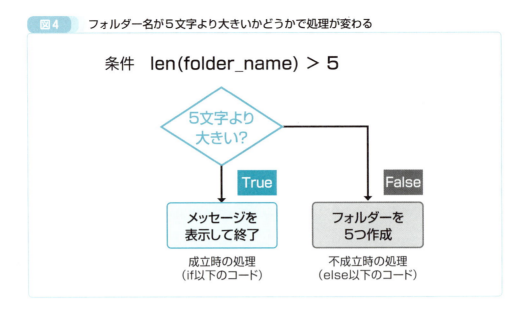

**図4** フォルダー名が5文字より大きいかどうかで処理が変わる

連番付きフォルダーを作成する処理のコード（else以下のコード）については、次章で詳しく解説します。この時点では、連番付きフォルダーを作成する処理を行っていることだけ把握していればOKです。

### 条件が複数ある「if-elif-else」構文

アプリ「連番付きフォルダー自動作成」におけるif-else構文の解説は以上です。ここからはif文の補足的な解説です。

if文は基本構文とif-else構文に加え、「if-elif-else」という構文もあります。アプリ「連番付きフォルダー自動作成」では使っていない構文ですが、簡単に紹介しておきます。

if-elif-else構文は条件を複数指定できます。基本構文もif-else構文も条件は1つのみであり、その1つの条件のみで、実行する処理を変えました（＝分岐）。if-elif-else構文は2つ以上指定でき、それら複数の条件によって分岐できます。分岐先が2つだけでなく、3つ以上設けることができるのです。この点が大きな違いです。

if-elif-else構文の書式は以下です。

**書式**

```
if 条件1:
    条件1がTrueのときに実行する処理
elif 条件2:
    条件2がTrueのときに実行する処理
        :
        :
else:
    すべての条件がFalseのときに実行する処理
```

処理の流れは、まずはifの「条件1」が成立するかチェックされます。成立するなら、if以下の「条件1がTrueのときに実行する処理」が実行されます。

成立しないなら、elifの「条件2」のチェックに移ります。成立するなら、elif以下の「条件2がTrueのときに実行する処理」が実行されます。

成立しないなら、以下同様に条件のチェックが上から順に行われます。最後までどの条件も成立しないなら、else以下の「すべての条件がFalseのときに実行する処理」が実行されます。

このif-elif-elseについては、前節のプロンプト2でif文の基本的な使い方をChatGPTに質問した際、基本構文の下に「例3」として説明がありました。以下抜粋です。

回答例

**例3: `if-elif-else` 構文**

複数の条件をチェックする場合は、`elif` を使います。

```
x = 5

if x > 5:
    print("xは5より大きい")
elif x == 5:
    print("xは5です")
else:
    print("xは5より小さい")
```

・まず `x > 5` をチェックし、次に `x == 5` をチェックします。
・`x == 5` が `True` なので、「xは5です」が表示されます。

このサンプルコードは、1つ目の条件（ifの条件）で、変数xの値が5より大きいかをチェックし、2つ目の条件（elifの条件）で、変数xの値が5と等しいかをチェックしています。いずれも不成立なら、else以下のコードが実行されます。余裕があれば、お手元の開発環境で、変数xに代入する値を変えつつ、試してみるとよいでしょう。

本章における条件分岐の学習は以上です。次章では、ループについて学びます。

## 6-4 条件が不成立の場合に指定した処理を実行する

### コラム

## 部分一致の比較に便利な「in」演算子

　Pythonには比較演算子の1つとして、「in」という演算子があります。文字列の部分一致を判定する演算子です。部分一致とは、指定した文字列が、別の指定した文字列の中に含まれていることです。例えば、文字列「ハンバーグ」は文字列「和風ハンバーグ定食」の中に含まれているので、部分一致していることになります。
　in演算子の書式は以下です。

**書式**

```
文字列1 in 文字列2
```

　上記書式でコードを記述すると、文字列1が文字列2の中に含まれているなら、Trueを返します。含まれていなければFalseを返します。
　先ほど部分一致で挙げた例の場合なら、次のように記述します。

**コード**

```
"ハンバーグ" in "和風ハンバーグ定食"
```

　このコードは、文字列「ハンバーグ」は文字列「和風ハンバーグ定食」の中に含まれており、部分一致しているので、Trueを返します。
　上記コードをif文の条件に使った例が以下のコードです。条件が成立した場合はコード「print("含まれている")」を実行します。

**コード**

```
if "ハンバーグ" in "和風ハンバーグ定食":
    print("含まれている")
```

　実行すると部分一致するため、条件が成立し、「含まれている」が出力されます（画面）。

▼**画面　条件が成立し、「含まれている」が出力された**

```
[18]: if "ハンバーグ" in "和風ハンバーグ定食":
          print("含まれている")
      含まれている
```

　また、in演算子は文字列のみならず、リスト（第5章で基礎の基礎のみ解説）など他にも使えます。どのような活用パターンがあるのか、ChatGPTに聞いてみるのもよいでしょう。

第 7 章

# アプリを作りながら「繰り返し（ループ）」を学ぼう

　本章では、前章に引き続きアプリ「連番付きフォルダー自動作成」を用いて、ループ（繰り返し）を学びます。だんだん難しい内容が登場するので、決してあせることなく、自分のペースでジックリ学びましょう。

# 7-1 ループの代表的な構文「for」文の基礎を学ぼう

## ●「ループ」ってどんな仕組み？

本章では、前章の冒頭や第2章2-2節や提示したとおり、ループ（繰り返し）について学びます。その学習には前章引き続き、6-1節でChatGPTに作成してもらったアプリ「連番付きフォルダー自動作成」のコードを用います。ループはプログラミング未経験のPython初心者には、少々難しいかと思いますが、がんばって学んでいきましょう。

ここで、おさらいも兼ねて、アプリ「連番付きフォルダー自動作成」のコードを再度提示します。

**コード**
```python
import os

# フォルダー名を入力
folder_name = input("フォルダー名を5文字以内で入力してください：")

# 5文字以内か確認
if len(folder_name) > 5:
    print("フォルダー名を5文字以内にしてください。")
else:
    # myDataフォルダー内に連番付きフォルダーを作成
    for i in range(1, 6):
        os.makedirs(f"myData/{folder_name}{i}")
        print(f"フォルダー '{folder_name}{i}' を作成しました。")
```

前章までに、7～13行目（行数は空の行やコメントの行も含めてカウント）のif-else構文について、条件の詳細、および、条件が成立した際に実行されるif以下の処理まで学びました。else以下のコードについては、条件が成立しない際に実行されることまでは学びましたが、11行目「for i in range(1, 6):」以降の計3行の各コードの詳細の学習はまだでした。本章ではそれらを学んでいきます。

さっそくコード「for i in range(1, 6):」をChatGPTに質問してみましょう。プロンプトと回答例は以下です。

**プロンプト1**

for i in range(1, 6):　を説明してください。

ループの代表的な構文「for」文の基礎を学ぼう **7-1**

---

**回答例**

for i in range(1, 6): は、1から5までの範囲でループ処理を行うための構文です。この文を使うと、指定した範囲内の数値を順に取り出して、ループを実行します。

**構造の説明：**

・for: ループを開始するキーワードです。

・i: ループ中に使われる変数。ループが進むごとに、1から5までの値が順番に代入されます。

・range(1, 6): 1から5までの連続した数値を生成します（range(1, 6) の場合、6は含まれません）。

・:: コロンはループの開始を示し、その下にインデントされた部分がループ内の処理になります。

**動作の流れ：**

1. range(1, 6) が 1, 2, 3, 4, 5 という数列を生成します（6は含まれません）。

2. ループが始まり、i に 1が代入され、処理が実行されます。

3. 次に、i に 2が代入され、また処理が実行されます。

4. この動作が i が 5になるまで続き、最後にループが終了します。

**例：**

```
for i in range(1, 6):
    print(i)
```

**実行結果：**

```
1
2
3
4
5
```

このように、for i in range(1, 6): では1から5まで順番に処理を行います。

---

回答の冒頭の「for i in range(1, 6): は、1から5までの範囲でループ処理を行うための構文です。」に記されているように、「for～」はループのための構文です。以降は「for」文と呼びます。

そもそも、ループ（繰り返し）とは、指定した処理を指定した回数だけ繰り返し実行する

# 7-1 ループの代表的な構文「for」文の基礎を学ぼう

処理の仕組みです（図1）。

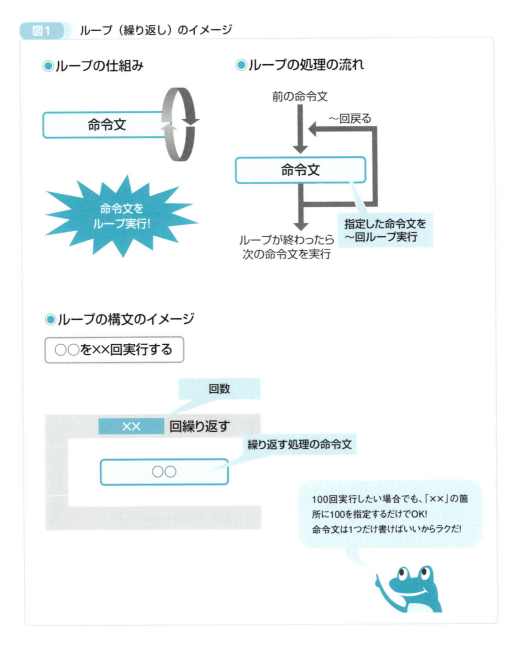

図1 ループ（繰り返し）のイメージ

　たとえば、10枚の画像ファイルをリサイズするプログラムを作りたいとします。もし、繰り返しを使わなければ、画像ファイルをリサイズする命令文を10個並べて書かなければなりません。これはこれで目的の結果が得られるのですが、10個も書くのは大変です。ましてや、リサイズしたい枚数が100枚に増えたら、命令文を100個も書くのは、非常に無理があるでしょう。

ループの代表的な構文「for」文の基礎を学ぼう **7-1**

　繰り返しの仕組みを使えば、画像ファイルをリサイズする命令文そのものは、記述する数はたった1個だけで済みます。あとは「100回繰り返せ」と指定するだけです。何枚リサイズしようが、3行程度のプログラムで済み、記述が飛躍的にラクになります。その上、あとから機能を変更した場合、コードの編集も100箇所ではなく、1箇所だけで済むので格段にラクになります。また、記述も編集も量が減るぶん、ミスの恐れも減ります。

　for文はPythonでループの処理のコードを記述する際に用いる構文の一つです。他にもループ用の構文には「while」文もありますが、本書では本章末コラムの中で、概略のみ簡単に紹介するとします。

## for文の書式は3つのツボを押さえよう

　さて、for文の使い方は、先ほどのプロント1の回答に説明がありましたが、これだけでは書式の説明がないなど、for文の使い方が今ひとつわかりづらいので、改めてChatGPTに質問してみましょう。プロンプトと回答例は以下です。

> **プロンプト2**
>
> for文の基本的な使い方を教えてください。

> **回答例**
>
> for文は、繰り返し処理を行うための文です。Pythonでは、リストや範囲などのシーケンス（順序のあるデータ）を使って、順番に値を取り出しながら処理を繰り返すことができます。
>
> **基本的な構文：**
>
> ```
> for 変数 in シーケンス:
>     繰り返したい処理
> ```
>
> **例 1: 範囲を使ったループ**
>
> ```
> for i in range(5):
>     print(i)
> ```
>
> ・range(5) は 0 から 4 までの数値を生成します。
> ・このコードは 0 から 4 まで順に表示します。
>
> **実行結果：**
>
> ```
> 0
> 1
> 2
> 3
> 4
> ```
>
> **例 2: リストを使ったループ**

**7-1** ループの代表的な構文「for」文の基礎を学ぼう

```
fruits = ["apple", "banana", "cherry"]
for fruit in fruits:
    print(fruit)
```

・fruits というリストの中の要素("apple", "banana", "cherry")を順番に fruit に代入し、
　処理を繰り返します。

**実行結果：**

```
apple
banana
cherry
```

**ポイント：**

・range(): 数字の範囲を生成するためによく使われます。
・リストやタプルなどのデータを使って、それぞれの要素に対して処理を行えます。

**まとめ：**

・for文は、リストや数値の範囲を使って繰り返し処理を簡単に書くことができる便利な方法
　です。

プロンプト2の回答に冒頭に載っているfor文の書式は以下です（図2）。

**書式**

```
for 変数 in シーケンス:
    繰り返したい処理
```

# 7-1 ループの代表的な構文「for」文の基礎を学ぼう

図2　for文の書式

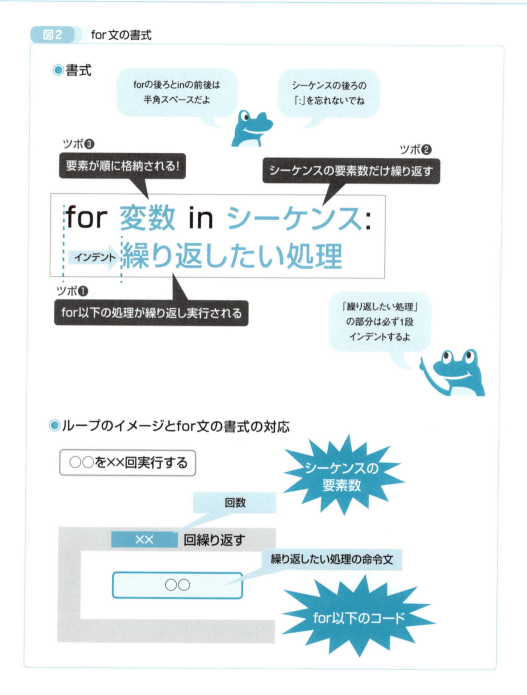

この書式のツボは以下の3つです。

<1> どの部分が繰り返し実行されるのか
<2> 繰り返す回数は何で決まるのか
<3>「変数」はどう使うのか

ツボ1～2は本節、ツボ3は次節で解説します。

まず押さえて欲しいのがツボ1です。forの書式で、どの部分が繰り返し実行されるのかは、「for 変数 in シーケンス:」の次の行にある「繰り返したい処理」の部分です。一段インデントして記述する部分になります。

ツボと言っても、たったこれだけのことであり、拍子抜けしたかもしれませんが、forの書式の骨格と言うべきツボなので、まずはしっかりと把握してください。

改めて強調すると、必ず一段インデントすることが非常に重要です。インデントしなければ、for文の一部ではなく、for文のすぐ下に続く別のコードという扱いになり、繰り返す対象と見なされなくなってしまうので注意しましょう。このインデントに関する注意点はif文と同じです。

また、「繰り返したい処理」の部分には、1行のコードのみならず、同じインデントに揃えて書けば、複数行に渡るコードでも繰り返し実行できます。見方を変えると、コードのどこまでが繰り返し実行されるのかは、同じインデントで記述されているかどうかに着目すればわかります。この点もif文と同じです。

## 繰り返す回数は「シーケンス」で決まる

for文の書式の2つ目のツボは、繰り返す回数は何で決まるのかです。その回数は「for 変数 in シーケンス:」の「シーケンス」で決まります。「in」の後ろの部分です。「シーケンス」とは、プロンプト2の回答例には「順序のあるデータ」と説明されています。非常にわかりづらい表現ですが、初心者は「複数のデータが集まったもの」という理解でOKです。さらにそれら複数のデータには順序もあります。複数のデータが列をなしているイメージです。

「複数のデータが集まったもの」と言えば、これまでに第5章でリストが登場しました。このリストもfor文の「シーケンス」の部分に指定できます。リストを指定すると、リストの要素数のぶんだけ、繰り返し実行されます。つまり、for文で繰り返す回数は、リストの要素数になるのです。

「シーケンス」の部分にリストを指定した例が、プロンプト2の回答例の「例 2」に載っています。以下のコードです。

### コード

```python
fruits = ["apple", "banana", "cherry"]
for fruit in fruits:
    print(fruit)
```

このコードでは最初の1行目にて、リスト「fruits」を用意しています。要素は文字列「apple」、「banana」、「cherry」の3つです。ちなみに、いずれも英語のフルーツ名です。

2行目のコードにて、このリストfruitsをfor文の「シーケンス」の部分に指定しています。リストfruitsの要素数は3です。よって、for文によって繰り返される回数は3です。書式の「繰り返したい処理」のコードが3回繰り返されることになります（図3）。

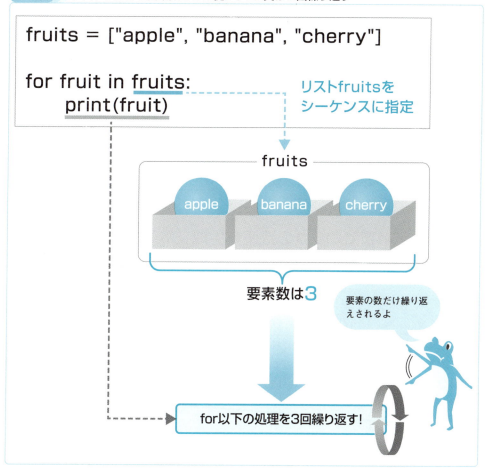

図3　リストfruitsの要素数の3に従い、for文は3回繰り返す

## 「シーケンス」には「数値の範囲」も指定できる

　「シーケンス」の部分にはリスト以外も指定できます。プロンプト2の回答例の「例 1」にある「範囲」です。もっと正確に言えば、最後の「まとめ」にあるように、「数値の範囲」です。

　数の範囲を生成する方法の一つが「range」関数です。アプリ「連番付きフォルダー自動作成」のコードの11行目「for i in range(1, 6):」、および、プロンプト1やプロンプト2の回答例にも登場しています。

　range関数は組み込み関数の一種です。よって、ライブラリの関数のように、事前にインポートする必要はありません。

　range関数の機能は大まかに言えば、プロンプト2の回答例に「range(5) は 0 から 4 までの数値を生成します。」とあるように、引数に指定した範囲で複数の数値を生成します。そのイメージが図4です。書式など詳細は次々節で改めて解説します。

# 7-1 ループの代表的な構文「for」文の基礎を学ぼう

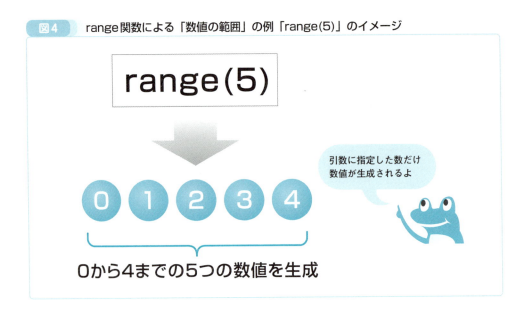

図4　range関数による「数値の範囲」の例「range(5)」のイメージ

　プロンプト2の回答例および図4には、range関数の例として、「range(5)」を挙げています。この場合、0、1、2、3、4という5つの数値を生成します。なぜ引数に5を指定したら、数値の範囲の最初が0で最後が4なのかは、range関数の書式でそう決められているからなのですが、次々節で改めて解説します。この時点では、引数に5を指定したら、5つの数値の範囲が生成されることだけを把握できていれば問題ありません。

　この「range(5)」をfor文の書式の「シーケンス」に指定すると、どうなるでしょうか？「range(5)」で生成されるのは5つの数値の範囲です。よって、for文はその数値の範囲に含まれる数値の数が5であることから、5回繰り返すことになります（図5）。

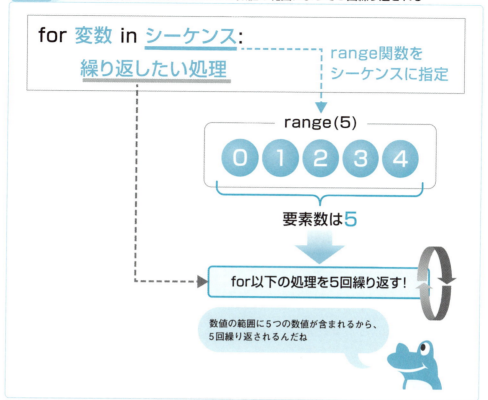

図5 「range(5)」で生成された5つの数値の範囲によって5回繰り返される

　なお、この数値の範囲は、厳密にはリストと異なります。一つひとつの数値も、図5では「要素」という用語を用いていますが、リストの要素とは意味合いが少し違います。とはいえfor文で使うぶんには、同じものと見なしても、実用上は全く問題ありません。Pythonにある程度慣れてきたら、この違いをChatGPTに質問するなどして、調べてみるとよいでしょう。

　このようにfor文の書式の2つ目のツボとして、繰り返す回数は「シーケンス」に指定したものの数によって決まることを押さえてください。

　なお、for文の「in」は6章末コラムで紹介したin演算子とは別のものです。全く同じ名前なので混同しがちですが、基本的な見分け方は「for文以外で登場したものはin演算子」で、実用上はほぼ問題ありません。

# 7-2 for文の「変数」の使い方をマスターしよう

## ● シーケンスから順番に値が変数に取り出される

本節では、for文の書式の3つ目のツボである「変数」の使い方を学びます。おさらいを兼ねて、書式を改めて提示します。

> **書式**
> for 変数 in シーケンス:
> 　　繰り返したい処理

「変数」は「for」と「in」の間に記述します。この「変数」には、自分の好きな名前の変数を新たに指定します。慣例的には、「i」などの変数名がよく使われます。

「変数」は一体どうやって使えばよいのでしょうか？ 前節のプロンプト2の回答例に「～シーケンス（順序のあるデータ）を使って、順番に値を取り出しながら処理を繰り返すことができます。」と説明がありますが、シーケンスから順番に値を取り出す先が「変数」です。

for文で繰り返す度に、シーケンスの先頭から値が順に自動で「変数」に取り出されます。for文の機能で、そのように決められています。

リストをシーケンスに指定したなら、要素が先頭から順に取り出され、「変数」に格納されます（図1）。例えば、前節で例に挙げたリスト「fruits」をシーケンスに指定したなら、その要素である文字列「apple」、「banana」、「cherry」の3つ文字列が順に取り出されます。繰り返し（ループ）の1回目は文字列「apple」、2回目は「banana」、3回目は「cherry」が順に取り出され、「変数」に格納されるのです。

また、同じく前節で例に挙げた数値の範囲「range(5)」をシーケンスに指定したなら、0～4の数値が順に取り出されます。繰り返しの1回目は数値の0、2回目は1、3回目は2、4回目は3、5回目は4が取り出され、「変数」に格納されます。

図1 シーケンスの先頭から値が順に「変数」に取り出される

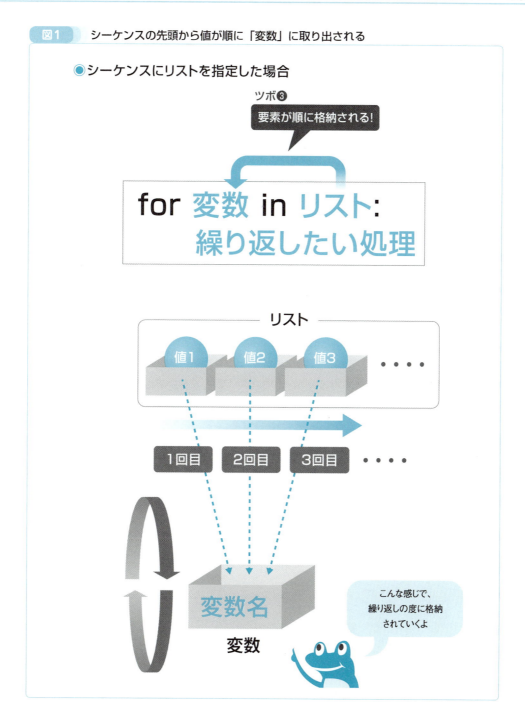

## 7-2 for文の「変数」の使い方をマスターしよう

### ●「変数」は「繰り返したい処理」で使える

さらにこの「変数」は、「繰り返したい処理」で使うことができます。これも大切なツボです。

もっとも単純な例だと、「変数」をprint関数で出力するコードを「繰り返したい処理」に記述するケースです。もちろん、print関数で出力するだけでなく、演算をするなど、「変数」は「繰り返したい処理」でさまざまな処理に使えます。

print関数で出力する例のコードは、前節のプロンプト2の回答例に載っています。まず「例2」から紹介します。コードは以下の2つです。

**コード**
```
fruits = ["apple", "banana", "cherry"]
for fruit in fruits:
    print(fruit)
```

「変数」には「fruit」を指定しています。リストfruitsと一見同じ名前に思えますが、最後の複数形の「s」がない変数名です。この変数fruitには、繰り返しの度に、「シーケンス」に指定しているリストfruitsの要素が先頭から順に取り出されて格納されます。

そして、「繰り返したい処理」には「print(fruit)」というコードが記述されています。print関数の引数に変数fruitが指定されており、変数fruitが出力されます。

このコードを実行すると、リストfruitsの要素である文字列「apple」、「banana」、「cherry」が順に出力されます（図2）。

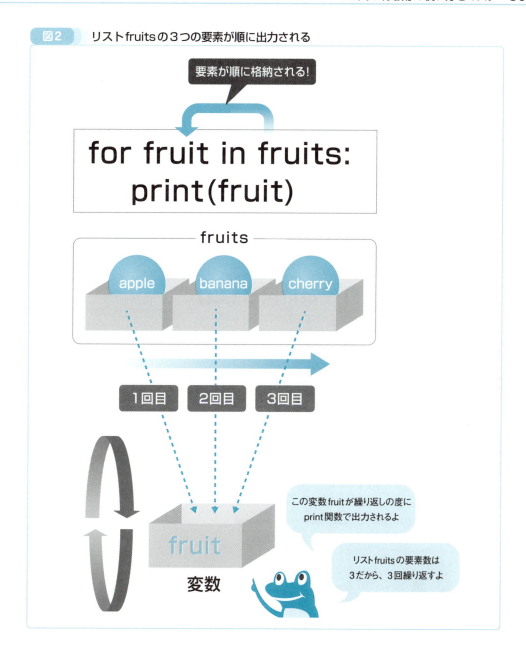

図2　リストfruitsの3つの要素が順に出力される

「シーケンス」には数値の範囲をした場合はどうなるでしょうか？　プロンプト2の回答例の「例1」のコードは以下です。

コード
```
for i in range(5):
    print(i)
```

「変数」には「i」を指定しています。「シーケンス」には数値の範囲である「range(5)」を

指定しています。この変数iには、先述のとおり繰り返しの度に、「シーケンス」に指定している数値の範囲である「range(5)」から、数値が先頭から順に取り出されて格納されます。

そして、「繰り返したい処理」には「print(i)」というコードが記述されています。print関数の引数に変数iが指定されており、変数iが出力されます。

このコードを実行すると、「range(5)」の数値の範囲である0、1、2、3、4が順に出力されます（図3）。

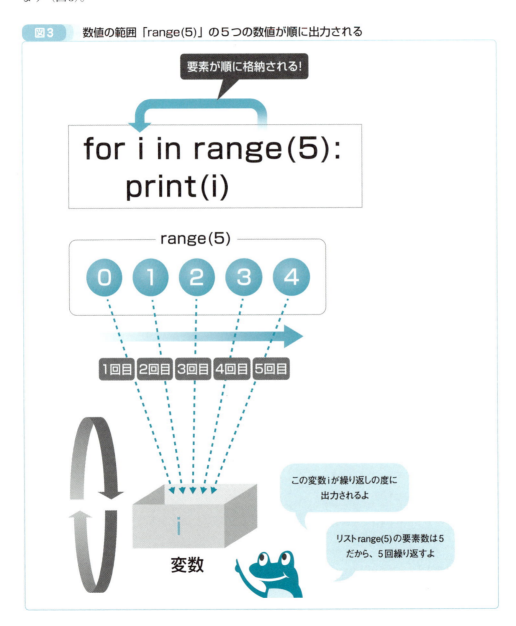

図3 数値の範囲「range(5)」の5つの数値が順に出力される

なお、「変数」は「繰り返したい処理」で必ず使う必要はありません。ケースバイケースで、

使わなくても構いません。「繰り返したい処理」で必要なら使えばよいのです。

## for文を開発環境で体験しよう

for文の基本的な使い方を学んだところで、先ほどの2つの例をお手元の開発環境で体験してみましょう。まずは「例2」の以下のコードをJupyter Notebookの新規セルに入力してください。

```
fruits = ["apple", "banana", "cherry"]
for fruit in fruits:
    print(fruit)
```

実行すると画面1のように、リストfruitsの要素である文字列「apple」、「banana」、「cherry」が順に出力されることが確認できます。

▼**画面1** リストfruitsの3つの要素が順に出力された

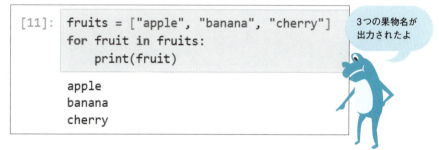

続けて、「例1」の以下のコードをJupyter Notebookの新規セルに入力してください。

```
for i in range(5):
    print(i)
```

実行すると画面2のように、「range(5)」の数値の範囲である0、1、2、3、4が順に出力されることが確認できます。

▼**画面2**　「range(5)」の数値の範囲0〜4が順に出力された

```
[12]:  for i in range(5):
           print(i)
       0
       1
       2
       3
       4
```

0〜4の5個の数値が順に出力されたよ

　ここで、「例1」のコードを少し変更するとします。range関数の引数に指定する値を5から10に変更するとします。

▼**変更前**

コード
```
for i in range(5):
    print(i)
```

↓

▼**変更後**

コード
```
for i in range(10):
    print(i)
```

　実行すると、画面3のように、「range(10)」の数値の範囲である0、1、2、3、4、5、6、7、8、9が順に出力されることが確認できます。

▼**画面3**　「range(10)」の数値の範囲0〜9が順に出力された

```
[13]:  for i in range(10):
           print(i)
       0
       1
       2
       3
       4
       5
       6
       7
       8
       9
```

今度は10個の数値が順に出力されたね

range関数の引数に10を指定したことで、数値の範囲は0〜9となり（なぜ0から始まり、9で終わるのかは次節で解説します）、10個の数値になります。よって、10回繰り返されることになります。そして、繰り返しの度に、先頭の0から末尾の9までの数値が順に変数iに取り出され、出力されたのです。

　長くなりましたが、for文の基本的な使い方の学習は以上です。前節の最初に挙げた3つのツボを学んできました。これら3つのツボをしっかりと理解しましょう。

## コラム

### 「変数の値を1増やす」などが手軽にできる演算子

　Pythonで数値を処理する際、よくあるのが「変数の値を1増やす」です。たとえば、ゲームのプログラムで、得点が入ったらスコアを1ずつ増やしたいケースです。その場合、スコアの数値を入れる変数の値を1増やす処理を、得点が入る度に実行します。また、変数の値を2増やすなど、増やすのが1以外の数値であるケースも多々あります。

　「変数の値を1増やす」の処理のコードは、「+=」という演算子を使うと簡単に書けます。左辺に目的の変数を記述し、右辺に増やしたい記述を記述します。たとえば、変数名が「score」であり、1増やしたいなら、次のように記述します。

**コード**
```
score += 1
```

　このコードを実行すると、変数scoreが現在の値から1増やした値に更新されます。

　また、もし2増やしたかったら、「+=」演算子の右辺に2を記述します。このように右辺の記述した数値のぶん、変数の値が増やされます。

　「+=」のような種類の演算子は、一般的に「累算代入演算子」と呼ばれます。他にも指定した数値を減らす「-=」演算子など、複数の種類が用意されています。どのような演算子があり、どう使えばよいのかなどをChatGPTに質問してみましょう。

# 7-3 range関数の基本的な使い方をもっと詳しく知ろう

## range関数の書式には3つのパターンがある

本章ではここまでに、ループの代表的な構文であるfor文の基本的な使い方を学んできました。そもそもなぜ学んでいるのかというと、アプリ「連番付きフォルダー自動作成」のコードの11行目「for i in range(1, 6):」以降に、for文が使われているからでした。

この11行目のコードは、for文の書式の「変数」に変数i、「シーケンス」に「range(1, 6)」が指定されています。後者の「range(1, 6)」は、range関数を使っており、数値の範囲であることがわかります。変数はiであり、前節の解説に登場した例と一見似ていますが、よく見ると、「range(1, 6)」は引数が「,」(カンマ)で区切られ、2つ指定されています。前節までに登場したrange関数では、引数は1つのみでした。実は、range関数は引数を最大3つまで指定できるのです。言い換えると、必須の引数は1つであり、省略可能な引数が2つあることになります。

そういったrange関数の書式など、基本的な使い方の解説は、前節ではあと回しにしていました。しかも、例えば「range(5)」なら数値の範囲は0～4になることの解説もあと回しにしていました。

本節では、range関数の詳しい解説を行います。それに続けて、アプリ「連番付きフォルダー自動作成」のコードの11行目「for i in range(1, 6):」も解説します。

さっそくrange関数の基本的な使い方をChatGPTに質問してみましょう。プロンプトと回答例は以下です。

---

**プロンプト1**

rangeの基本的な使い方を教えてください。

---

**回答例**

range は、一定の範囲の連続した数値を生成するために使う関数です。forループと一緒に使うことが多いです。

**基本構文：**

```
range(開始，終了，ステップ)
```

**使い方の例：**

1. 終了のみ指定する場合（デフォルトで0から始まる）

```
for i in range(5):
    print(i)
```

・0から始まり、指定した終了値（5）の手前まで（つまり0〜4）出力します。

実行結果：

```
0
1
2
3
4
```

2. 開始と終了を指定する場合

```
for i in range(2, 6):
    print(i)
```

・2から始まり、6の手前まで（2〜5）出力します。

実行結果：

```
2
3
4
5
```

3. ステップを指定する場合

```
for i in range(1, 10, 2):
    print(i)
```

・1から始まり、2ずつ増えていきます（1，3，5，7，9が出力されます）。

実行結果：

```
1
3
5
7
9
```

**まとめ：**

・range(終了)：0から終了の手前まで。
・range(開始，終了)：開始から終了の手前まで。
・range(開始，終了，ステップ)：ステップを指定して数を生成。

range は、指定した範囲の数値を生成してくれる便利な関数です。

**7-3** range関数の基本的な使い方をもっと詳しく知ろう

　range関数の書式は少々ややこしいのですが、全部で3パターンあります。プロンプト1の回答例の冒頭に「基本構文」として書式が載っていますが、末尾の「まとめ」に3パターンすべてが載っています。以下に抜粋します。

> **書式**
>
> ・range(終了)：0から終了の手前まで。
> ・range(開始, 終了)：開始から終了の手前まで。
> ・range(開始, 終了, ステップ)：ステップを指定して数を生成。

　1つ目の書式は「range(終了)」です。引数は「終了」の1つのみであり、前節までに登場したパターンの書式です。引数「終了」に数値を指定すると、0から開始し、引数「終了」から1少ない数値（手前の数値）で終了する数値の範囲を生成します。

　これまで何度か例に挙げたように、「range(5)」なら0〜4までの数値の範囲を生成するのでした。「range(終了)」の書式に当てはめて見直すと、引数「終了」に5を指定しています。よって、0から開始し、引数「終了」から1少ない数値（手前の数値）で終了する数値の範囲を生成するのでした。引数「終了」から1少ない数値とは、引数「終了」に5を指定しているので、5-1で4です。よって、0〜4という5つの数値の範囲が生成されます。

　また、前節の最後のように、引数「終了」に10を指定すると、0〜9という10個の数値の範囲が生成されます。引数「開始に」に指定した0から開始し、引数「終了」に指定した10から1少ない数値である9で終了するのです。

　2つ目の書式は「range(開始, 終了)」です。引数は「終了」の手前に「開始」が加わり計2つです。1つ目の書式「range(終了)」では、開始の数値は0と決められていました。2つ目の「range(開始, 終了)」では、開始の数値を引数「開始」によって自由に決められます。引数「開始」に指定した数値から始まる数値の範囲を生成できるのです。

　具体例で解説しましょう。プロンプト1の回答例に挙げられている「range(2, 6)」は、引数「開始」に2が指定されています。よって、数値の範囲は2から開始します。一方、引数「終了」には6が指定されているので、6から1少ない数値である5で終了します。よって、「range(2, 6)」は2〜5の数値の範囲を生成します。具体的な数値で言うと、2、3、4、5という4つの数値です。

　そして、引数「開始」に指定した数値そのものから開始することも認識しましょう。引数「終了」は1少ない数ですが。引数「開始」は1少なくなることはなく、指定した数値になります。これら2つの引数の指定方法は混同しがちなので注意してください（図1）。

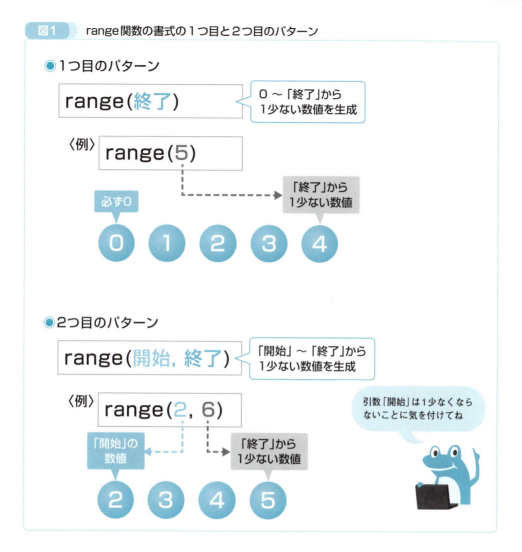

図1　range関数の書式の1つ目と2つ目のパターン

　書式の3つ目のパターンは「range(開始, 終了, ステップ)」です。3つ目の引数「ステップ」が加わります。1つ目と2つ目のパターンでは、生成する数値の範囲は1ずつ増えるものでした。3つ目のパターンは、引数「ステップ」に指定した値で増やせます。1以外で増やすことができるのです。さらにはマイナスの値も指定でき、その場合は開始の数値から減らしていくことも可能です。

　このパターンは本書では使わないので、これ以上の詳しい解説は割愛します。

## range関数の2つ目のパターンの書式を体験しよう

　range関数の基本的な使い方として3つのパターンの書式を学びました。ここでお手元の開発環境で体験しましょう。プロンプト1の回答例に載っているサンプルコードを入力・実行するとします。

　ただし、1つ目のパターンの書式range(終了)のサンプルコードは、前節で体験したものと

# 7-3 range関数の基本的な使い方をもっと詳しく知ろう

全く同じなので割愛します。ここでは2つ目の書式「range(開始, 終了)」のパターンのサンプルコードである以下を体験するとします。

**コード**
```
for i in range(2, 6):
    print(i)
```

それでは、上記コードをJupyter Notebookの新規セルに入力し、実行してください。すると画面1のように、数値の範囲「range(2, 6)」の4つの数値として、2、3、4、5と順に出力されます。引数「開始」に指定した2から始まり、引数「終了」に指定した6から1少ない5で終わる4つの数値になります。

▼**画面1** 数値の範囲「range(2, 6)」の4つの数値が順に出力される

```
[14]: for i in range(2, 6):
          print(i)
      2
      3
      4
      5
```

引数「開始」に指定した2から始まっているね

## 「range(1, 6)」で5回繰り返し、かつフォルダー名の連番を取得

range関数の書式を学んだところで、ようやくアプリ「連番付きフォルダー自動作成」の11行目のfor文のコードの解説を行います。11行目のコードは以下でした。

**コード**
```
for i in range(1, 6):
```

このfor文の「シーケンス」に指定しているのは、range関数の「range(1, 6)」です。引数を2つ指定しているので、range関数の書式の2つ目のパターン「range(開始, 終了)」に該当します。引数「開始」には1、引数「終了」には6を指定しています。したがって、1～5の数値の範囲を生成します。1、2、3、4、5という5つの数値になります。

なぜ、このような数値の範囲を生成しているのかというと、ここで第6章6-1節（147ページ）のアプリ「連番付きフォルダー自動作成」の仕様を思い出してください。自動作成するフォルダー数は5個と定めたのでした。そして、フォルダー名の末尾に付ける連番は1始まりにしたのでした。

例えば、フォルダー名の連番より前の部分を「データ」とするなら、「データ1」、「データ2」、「データ3」、「データ4」、「データ5」という名前の5つのフォルダーを自動作成します。連番の部分は1、2、3、4、5です。これは連番より前の部分が何であろうと変わりません。

コード「for i in range(1, 6):」は、このような名前で5つのフォルダーを自動作成するために、フォルダーを作成する処理を5回繰り返すよう、「シーケンス」に「range(1, 6)」を指定したのです。

先述のとおり、「range(1, 6)」は1～5の数値の範囲を生成します。具体的には1、2、3、4、5という5つの数値です。5つの数値であるため、for文による繰り返しの回数は5回です。

あわせて、フォルダー名の連番を付けるためにも、1、2、3、4、5という数値の範囲を生成します。これらの数値は繰り返しの度に、先頭から順に取り出され、「変数」に指定した変数iに格納されます。この変数iを、このあとのフォルダー作成の処理にて、フォルダー名の連番に用いるのです（図2）。

図2　「range(1, 6)」でフォルダー作成の数を制御し、連番にも使う

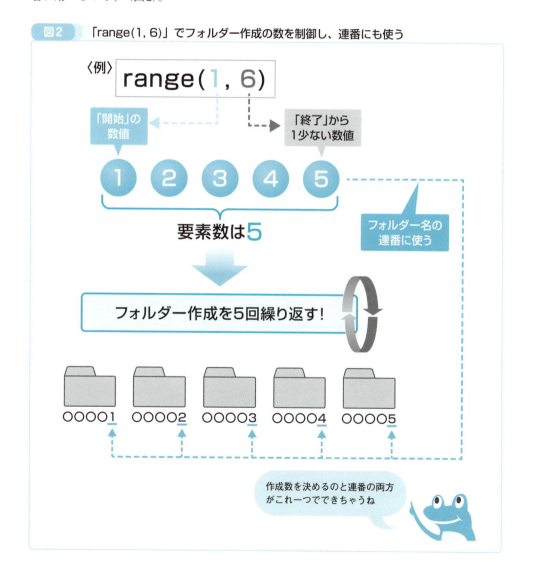

## 7-3 range関数の基本的な使い方をもっと詳しく知ろう

　単に5つのフォルダーを作成するため、5回繰り返すだけなら、range関数の部分は「range(5)」など、計5つの数値の範囲を生成できるなら何でもよいでしょう。今回は同時に、1〜5の連番にも使えるようにするため、「range(1, 6)」と指定し、1〜5の数値の範囲を作成するようにしています。同時に変数iに格納されて、フォルダー名の連番にも使えるようにしています。「range(5)」だと、確かにフォルダーは5個作成できますが、連番が0〜4になってしまいます。同じ5個を作成するため5回繰り返すにも、連番を1〜5にするためには、「range(1, 6)」と指定する必要があるのです。

　ここで、「range(1, 6)」によって本当に1〜5の連番が変数iに得られるのか、お手元の開発環境で確認してみましょう。先ほどの体験のコードを以下のように、range関数の引数「開始」を2から1に変更してください。

▼変更前

**コード**
```
for i in range(2, 6):
    print(i)
```

↓

▼変更後

**コード**
```
for i in range(1, 6):
    print(i)
```

　変更できたら実行してください。すると、1、2、3、4、5という5つの数値が順に出力されます。これで意図どおり、フォルダー名の連番である1〜5の数値が変数iに得られることが確認できました（画面2）。

▼画面2　1、2、3、4、5が順に出力された。

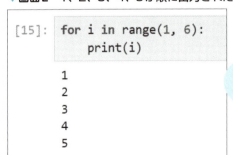

　このようにアプリ「連番付きフォルダー自動作成」の11行目のコード「for i in range(1, 6):」は、5つのフォルダーを作成するためfor文の5回繰り返し、かつ、フォルダー名の連番である1〜5の数値を変数iに取得するように書かれています。

# 7-4 フォルダーを新規作成する方法を学ぼう

## 「os.makedirs」関数でフォルダーを新規作成

本節では、アプリ「連番付きフォルダー自動作成」の12行目のコード「os.makedirs(f"myData/{folder_name}{i}")」について、どのような処理内容で、どのような仕組みが使われているのかを学びます。

ここで改めてアプリ「連番付きフォルダー自動作成」のコード全体を提示します。

**コード**
```
import os

# フォルダー名を入力
folder_name = input("フォルダー名を5文字以内で入力してください: ")

# 5文字以内か確認
if len(folder_name) > 5:
    print("フォルダー名を5文字以内にしてください。")
else:
    # myDataフォルダー内に連番付きフォルダーを作成
    for i in range(1, 6):
        os.makedirs(f"myData/{folder_name}{i}")
        print(f"フォルダー '{folder_name}{i}' を作成しました。")
```

（12行目のコード）

このコード「os.makedirs(f"myData/{folder_name}{i}")」は、11行目のコード「for i in range(1, 6):」の下の行に、1段インデントして記述されています。よって、for文の書式の「繰り返したい処理」に該当するコードであり、繰り返し実行されます。同様に13行目のコード「print(f"フォルダー '{folder_name}{i}' を作成しました。")」も同じインデントで記述されており、for文で繰り返し実行されます。

それでは、12行目のコード「os.makedirs(f"myData/{folder_name}{i}")」をChatGPTに質問してみましょう。プロンプトと回答例は以下です。

**プロンプト1**

os.makedirs(f"myData/{folder_name}{i}") を説明してください。

## 7-4 フォルダーを新規作成する方法を学ぼう

**回答例**

os.makedirs(f"myData/{folder_name}{i}") は、指定されたパスに新しいフォルダー ( ディレクトリ ) を作成するためのコードです。

### 詳しい説明：

1. os.makedirs():

・Pythonの標準ライブラリである os モジュールの関数で、指定されたパスに新しいディレクトリを作成します。

・パスの途中に存在しないフォルダーがあれば、それらもまとめて作成します。

・例えば、myData/ フォルダーが存在しない場合も自動的に作成されます。

2. f"myData/{folder_name}{i}":

・f-string という文字列フォーマットです。Python 3.6以降で使える機能で、{} の中に変数を埋め込んで文字列を作成します。

・ここでは、"myData/" という固定の文字列に、folder_name と i を組み合わせた文字列が作られます。

・例えば、folder_name に "test" が、i に 1 が入っている場合、結果は "myData/test1" になります。

3. 全体の動作：

・os.makedirs() によって、"myData/" フォルダーの下に "test1", "test2", "test3" など、folder_name と連番 i を組み合わせたフォルダーが順番に作成されます。

### 例：

```python
import os

folder_name = "test"
for i in range(1, 6):
    os.makedirs(f"myData/{folder_name}{i}")
```

### 実行結果：

このコードは、次の5つのフォルダーを作成します：

```
myData/test1
myData/test2
myData/test3
myData/test4
myData/test5
```

このように、folder_name と i を使ってフォルダー名に連番をつけ、os.makedirs() でそれぞれのフォルダーを作成しています。

このコードは、回答例の冒頭に「指定されたパスに新しいフォルダー（ディレクトリ）を作成するためのコードです。」とあるとおり、フォルダーを作成する処理を行います。パスとは、ファイルやフォルダーの場所を表す文字列のことです。

そのうしろの「詳しい説明」には、大きく2つの仕組みが説明されています。1つ目は「1.」の「os.makedirs()」、2つ目は「2.」の「f"myData/{folder_name}{i}"」です。

12行目のコード「os.makedirs(f"myData/{folder_name}{i}")」をよく見ると、1つ目の「os.makedirs()」のカッコ内に、2つ目の「f"myData/{folder_name}{i}"」が丸ごと記述されています。このように12行目のコードは2つの仕組みが組み合わされた構造となっています。

本節で1つ目の「os.makedirs()」、次節で2つ目の「f"myData/{folder_name}{i}"」を学びます。プロンプト1と回答例の残りの部分にも、すでにそれらの説明が一部ありますが、本節と次節であわせて解説します。

## os.makedirs関数の基本的な使い方

「os.makedirs()」はプロンプト1の回答例に、「Pythonの標準ライブラリである os モジュールの関数で、指定されたパスに新しいディレクトリを作成します。」と説明されています。

この説明のとおり、新しいディレクトリ（フォルダー）を作成する関数です。「os」という標準ライブラリの「makedirs」という名前関数になります。以下、「os.makedirs関数」と表記します。

osライブラリはファイルやフォルダー操作をはじめ、OS関連の処理の関数が揃っています。モジュール名もライブラリ名と同じく「os」です。

ここで、os.makedirs関数の基本的な使い方をChatGPTに質問してみましょう。プロンプトと回答例は以下です。

### プロンプト2

os.makedirsの基本的な使い方を教えてください。

### 回答例

os.makedirs は、複数階層のディレクトリ（フォルダー）を作成するためのPythonの関数です。この関数を使うと、途中のディレクトリが存在しない場合でも、自動的にそれらを作成します。

**基本構文：**

```
import os
os.makedirs(パス)
```

・パス：作成したいディレクトリの場所を指定します。例えば "myFolder/subFolder" のように階層がある場合、途中のディレクトリも含めてすべて作成します。

**7-4** フォルダーを新規作成する方法を学ぼう

### 例1：シンプルなディレクトリ作成

```
import os
os.makedirs("myData")
```

・myData というフォルダを作成します。

### 例2：階層付きのディレクトリ作成

```
import os
os.makedirs("myData/subFolder")
```

・myData フォルダが存在しない場合でも、myData フォルダを作成し、その中に subFolder というフォルダを作ります。

### エラー回避（既に存在している場合）

・os.makedirs は、指定したディレクトリが既に存在しているとエラーを出します。それを避けるために exist_ok=True を指定できます。

```
import os
os.makedirs("myData", exist_ok=True)
```

・これで、ディレクトリが既に存在していてもエラーになりません。

### まとめ：

・os.makedirs は複数階層のディレクトリを一気に作成できる便利な関数です。
・exist_ok=True を使うと、既存のディレクトリがあっても安全に動作します。

上記プロンプト2の回答例にある書式で、インポート文を除いたものが以下です。

**書式**

```
os.makedirs(パス)
```

　この引数「パス」には基本的に、作成したいフォルダー名を文字列として指定します。すると、その名前のフォルダーがカレントディレクトリに新規作成されます。

　プロンプト2の回答例にある「例1: シンプルなディレクトリ作成」には、そのサンプルコードが載っています。

**コード**

```
import os
os.makedirs("myData")
```

　このサンプルコードでは、引数「パス」に文字列「myData」を指定しています。実行する

214

と、カレントディレクトリに「myData」という名前のフォルダーが作成されます。

## 指定した親フォルダーの中にフォルダーを新規作成するには

プロンプト2の回答例には、os.makedirs関数の使い方の続きとして、「例2: 階層付きのディレクトリ作成」が説明されています。サンプルコードは以下です。

**コード**
```
import os
os.makedirs("myData/subFolder")
```

引数「パス」には、文字列「myData/subFolder」を指定しています。この文字列は「/（半角のスラッシュ）」で区切られています。「/」はパスの文字列の中で使うと、フォルダー（ディレクトリ）の階層を意味する記号として扱われます。なお、「/」は専門用語で「パス区切り文字」と呼ばれます。8章8-3節でもう少し詳しく解説します。

文字列「myData/subFolder」は「『myData』フォルダー以下の『subFolder』フォルダー」という意味になります。「/」の前には新規作成先となる親フォルダーの名前を記述し、「/」の後ろには新規作成したいフォルダー名を記述するのです。「myData」が新規作成先となる親フォルダーの名前、「subFolder」が新規作成したいフォルダーの名前に該当します。

コード「os.makedirs("myData/subFolder")」を実行すると、「myData」フォルダー以下に、「subFolder」フォルダーが新規作成されます（図1）。

**図1** 指定した親フォルダーの中に、フォルダーを新規作成できる

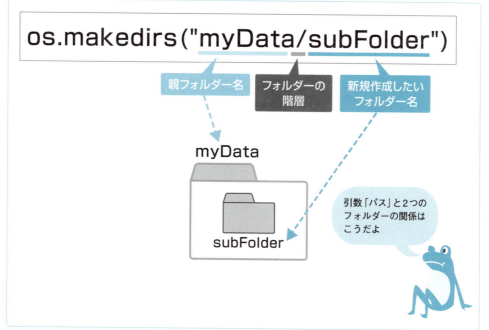

## 7-4 フォルダーを新規作成する方法を学ぼう

### ◉os.makedirs関数を体験しよう

ここで、os.makedirs関数によるフォルダーを新規作成を、お手元の開発環境で体験してみましょう。

ちょうど第6章6-1節でアプリ「連番付きフォルダー自動作成」を試しに実行するにあたり、画面1にて、カレントディレクトリ内に「myData」フォルダーを手作業で作成しました。この「myData」フォルダーを流用し、先ほどの例2の以下のサンプルコードを入力・実行するとします。

**コード**
```
import os
os.makedirs("myData/subFolder")
```

では、Jupyter Notebookの新規セルに、このコードを入力して実行してください。なお、このコードはos.makedirs関数の処理しかなく、実行してもJupyter Notebook上には何も出力されません。

実行できたら、カレントディレクトリの「myData」フォルダーを開いてください。すると、中に「subFolder」フォルダーが新規作成されたことが確認できます（画面1）。なお、画面1は「myData」フォルダーの中に、第6章6-1節で作成した「データ1」～「データ5」フォルダーがすでにあり、そこに「subFolder」フォルダーが追加で新規作成された状態になります。

▼**画面1**　「myData」フォルダー内に「subFolder」フォルダーが新規作成された

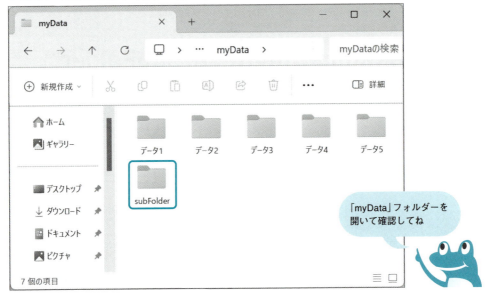

また、実行したあとにJupyter Notebookを確認すると画面2のとおり、何も出力されていません。

▼**画面2** Jupyter Notebook上には何も出力されない

```
[17]: import os
      os.makedirs("myData/subFolder")

[ ]:
```

セルの下には何も出力されていないよ

os.makedirs関数の機能はあくまでもフォルダーの新規作成であり、何かしらのデータを戻り値として返す機能は持っていないので、何も出力されなかったのです。このようにライブラリの関数によっては戻り値がなく、実行した際にJupyter Notebook上などに何も出力されないものは多々あります。

続けて、別の名前のフォルダーを「myData」フォルダー内に新規作成してみましょう。別のフォルダー名は今回、「バックアップ1」とします。

お手元のコードを以下のように変更してください。os.makedirs関数の引数にて、「/」の後ろのフォルダー名を「subFolder」から「バックアップ1」に書き換えます。

▼**変更前**

**コード**
```
import os
os.makedirs("myData/subFolder")
```

↓

▼**変更後**

**コード**
```
import os
os.makedirs("myData/バックアップ1")
```

コードを変更できたら実行してください。すると、「myData」フォルダーの中に「バックアップ1」フォルダーが新規作成されます（画面3）。

7-4 フォルダーを新規作成する方法を学ぼう

▼画面3 「バックアップ1」フォルダーが新規作成された

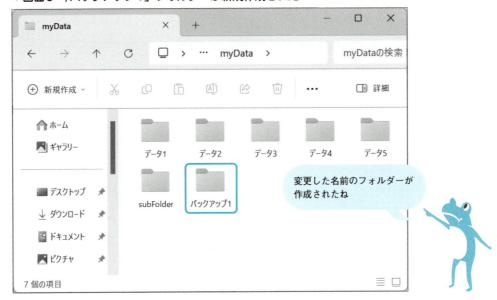

　os.makedirs関数の体験は以上です。「myData」フォルダー内に新規作成した「subFolder」フォルダーと「バックアップ1」フォルダーはこのあと使わないので、念のため削除しておいてください（画面4）。

▼画面4　新規作成した2つのフォルダーを削除した「myData」フォルダー

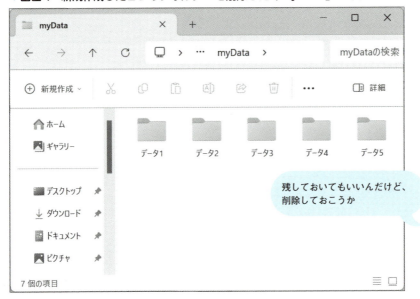

##  os.makedirs関数にはこんな機能もある

　本節はここまでに、os.makedirs関数の基本的な使い方を学び、体験もしました。ここからはos.makedirs関数の応用的な使い方として、プロンプト2の回答例の残りを簡単に解説します。

　同回答例の「例2: 階層付きのディレクトリ作成」の下には、「myData フォルダーが存在しない場合でも、myDataフォルダーを作成し、その中に subFolder というフォルダーを作ります。」という説明があります。os.makedirs関数は引数「パス」に指定した親フォルダーがもし存在しなければ、それも同時に新規作成する機能を備えています。

　それゆえ、第6章6-1節でアプリ「連番付きフォルダー自動作成」を実行する際、事前にカレントディレクトリ内に「myData」フォルダーを手作業で作成しましたが、実はそうしなくても、「myData」フォルダーが存在しなければ、同時に新規作成してくれたのです。

　次に、プロンプト2の回答例の「エラー回避（既に存在している場合）」を解説します。os.makedirs関数は既に存在しているものと同じ名前のフォルダーを同じ場所に新規作成しようとすると、通常はエラーになります。ただし、os.makedirs 関数には省略可能な第2引数 exist_okがあり、それを使うと自動でエラーを避けられます。具体的には、第2引数として「exist_ok=True」を加えます。すると、既に存在しているフォルダーは新規作成しないよう自動で回避してくれます。そのため、無用なエラーの発生を防げます。

　また、「exist_ok=True」のように、「引数名＝値」の形式で指定する引数は、専門用語で「キーワード引数」と呼ばれます。キーワード引数を使わないと、第4章で学んだとおり、引数に指定する値を「,」区切りで並べて記述していく必要があるのでした。実はこの場合、使いたい引数の前に省略する別の引数があると、その数のぶんだけ「,」のみを並べて記述する必要があります。キーワード引数を使えば、そのような手間は不要になり、使いたい引数だけを記述すれば済むようになります。

　このようにos.makedirs関数は、単にフォルダーを新規作成するだけでなく、それに関連するさまざまな機能も兼ね備えています。このように便利なライブラリの関数が他にもたくさんあることが、Pythonの人気の大きな要因の一つです。

　アプリ「連番付きフォルダー自動作成」の12行目のコード「os.makedirs(f"myData/{folder_name}{i}")」で使われている2つの仕組みの1つ目であるos.makedirs関数の学習は以上です。次節では、「f"myData/{folder_name}{i}"」の部分に使われている残りの仕組みである「f-string」を学びます。

# 7-5 文字列に変数を埋め込む「f-string」のキホンを学ぼう

## ●「文字列に変数を埋め込む」ってどういうこと？

　本節では、アプリ「連番付きフォルダー自動作成」の12行目のコード「os.makedirs(f"myData/{folder_name}{i}")」で使われている仕組みの2つ目である「f-string」を学びます。os.makedirs関数の引数に記述している「f"myData/{folder_name}{i}"」の部分で使われている仕組みです。
　さっそくChatGPTにf-stringを質問してみましょう。プロンプトと回答例は以下です。

> **プロンプト1**
> f-stringの基本的な使い方を教えてください。

> **回答例**
> f-stringは、Pythonで文字列をフォーマット（整形）するための方法です。f"文字列"のように書くことで、波括弧 {} の中に変数や式を埋め込むことができます。Python 3.6以降で使用できます。
>
> **基本構文：**
> ```
> f"文字列 {変数} 文字列"
> ```
>
> **例1：変数を埋め込む**
> ```
> name = "Alice"
> age = 12
> message = f"My name is {name} and I am {age} years old."
> print(message)
> ```
>
> 出力：
> ```
> My name is Alice and I am 12 years old.
> ```
>
> ・{name} と {age} の部分が、それぞれ変数 name と age の値に置き換わります。
>
> **例2：計算結果を埋め込む**
> ```
> x = 5
> y = 10
> result = f"The sum of {x} and {y} is {x + y}."
> print(result)
> ```
>
> 出力：
> ```
> The sum of 5 and 10 is 15.
> ```

文字列に変数を埋め込む「f-string」のキホンを学ぼう **7-5**

・{x + y} の部分は、変数 x と y の合計に置き換わります。

**例3：フォーマットを指定する**

```
pi = 3.14159
formatted_pi = f"Pi is approximately {pi:.2f}."
print(formatted_pi)
```

出力：

```
Pi is approximately 3.14.
```

・{pi:.2f} の部分で、小数点以下2桁までの表示にフォーマットされています。

**まとめ：**
・f"..." の中に {} を使って、変数や計算式を埋め込むことができます。
・計算結果やフォーマット指定も簡単に行える便利な方法です。

　f-stringは文字列の中に変数の値を埋め込むための仕組みです。「フォーマット文字列」とも呼ばれます。Python 3.6で新たに追加された機能です。
　基本的な書式はプロンプト1の回答例にある「基本構文」のとおりです。

**書式**

f" 文字列 { 変数 } 文字列 "

　これまで文字列の書式は第4章4-2節で学んだように、「"文字列本体"」でした。文字列の本体を「"」（ダブルクォート）で囲むのでした。
　f-stringの書式はそれを発展させたものです。まず「f"文字列"」のように、「"」のアタマに「f」を付けます。そして、文字列の途中に、「{}」（半角の波括弧）を入れ、さらにその中に変数を記述します。このような書式で記述すると、指定した変数の値が文字列の中に埋め込まれます。
　具体例を挙げて解説しましょう。プロンプト1の回答例にあるサンプルコードは、初心者には少々わかりづらいので、筆者が考えた以下のサンプルコードを用いるとします。

**コード**

```
fruit = "りんご"
print(f"好きな果物は{fruit}です。")
```

　1行目のコードにて、変数「fruit」に文字列「りんご」を代入しています。2行目のコードでは、print関数の引数にf-stringの、「f"好きな果物は{fruit}です。"」を記述しています。「f"文字列 {変数} 文字列"」の書式に従い、冒頭に「f」を付け、文字列の前半部分に「好きな果

物は」、後半部分に「です。」を記述しています。

　そして、書式の「{変数}」の部分には、「{fruit}」を記述しています。「{}」の中に変数fruitを指定しています。これで、文字列の前半部分「好きな果物は」と後半部分に「です。」の間に、変数fruitの値が埋め込まれます。その値は1行目のコードにて、文字列「リンゴ」が代入されているのでした。

　よって、「f"好きな果物は{fruit}です。"」は、「好きな果物はりんごです。」という文字列になります（図1）。

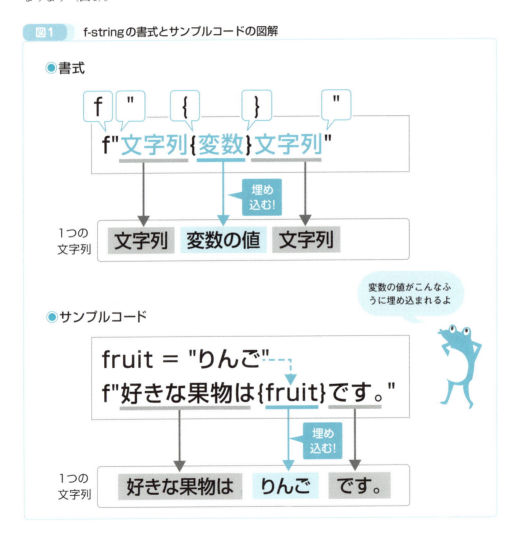

図1　f-stringの書式とサンプルコードの図解

　もし、変数fruitに代入する値を文字列「メロン」に変更したら、「{fruit}」の部分には文字列「メロン」が埋め込まれ、「好きな果物はメロンです。」という文字列になります。

## 数値を埋め込むこともできる

f-stringは文字列だけでなく、数値を埋め込むこともできます。書式の「{変数}」の部分の変数に数値を代入しておくと、その数値が文字列の中に埋め込まれます。

たとえば以下のコードです。

**コード**

```
age = 40
print(f"私の年齢は{age}歳です。")
```

1行目のコードにて、変数「age」に数値の40を代入しています。2行目のコードでは、print関数の引数にf-stringの、「f"私の年齢は{age}歳です。"」を記述しています。文字列の前半部分に「私の年齢は」、後半部分に「歳です。」を記述しています。

そして、書式の「{変数}」の部分には、「{age}」と、「{}」の中に変数ageを指定しています。これで、文字列の前半部分「私の年齢は」と後半部分に「歳です。」の間に、変数ageの値が埋め込まれます。その値は1行目のコードにて、数値の40が代入されているのでした。

よって、「f"私の年齢は{age}歳です。"」は、「私の年齢は40歳です。」という文字列になります。数値のデータ型は文字列とは異なるので、f-stringを使わないと、データ型を数値から文字列に変換する処理が必要になるのですが、f-stringを使えばそのような手間は不要です。

もし、変数ageに代入する数値を30に変更したら、「{age}」の部分には数値の30が埋め込まれ、「私の年齢は30歳です。」という文字列になります

f-stringの基本的な使い方は以上です。ここで紹介した書式とサンプルコードでは、文字列と文字列の途中に変数を1つ埋め込む形式でしたが、複数埋め込んだり、文字列の途中ではなく先頭や末尾に埋め込んだりすることも可能です。

## f-string を体験しよう

f-stringの基本的な使い方を学んだところで、お手元の開発環境で体験しましょう。先ほど解説に用いた以下の2つのサンプルコードをJupyter Notebookのそれぞれ別々の新規セルに入力し、実行してください。

**コード**

```
fruit = "りんご"
print(f"好きな果物は{fruit}です。")
```

**コード**

```
age = 40
print(f"私の年齢は{age}歳です。")
```

実行結果は1つ目のサンプルコードが画面1、2つ目のサンプルコードが画面2です。先ほ

## 7-5 文字列に変数を埋め込む「f-string」のキホンを学ぼう

ど解説した結果のとおりに変数の値が文字列に埋め込まれ、出力されることが確認できます。

▼画面1　1つ目のサンプルコードの実行結果

```
[21]: fruit = "りんご"
      print(f"好きな果物は{fruit}です。")

      好きな果物はりんごです。
```

「{fruit}」の部分に、「りんご」が埋め込まれたね

▼画面2　2つ目のサンプルコードの実行結果

```
[22]: age = 40
      print(f"私の年齢は{age}歳です。")

      私の年齢は40歳です。
```

数値も同じように埋め込めるよ

　余裕があれば、これら2つのサンプルコードで、変数に代入する値を変更してみるとよいでしょう。さらには、文字列の先頭や末尾など、別の埋め込んだりするよう、コードを変更して実行すれば、f-stringへの理解がさらに深まるでしょう。

　また、「{変数}」は1つの個所のみならず、一連の文字列の中における複数個所で使えます。例えば、「f"私の年齢は{age}歳で、好きな果物は{fruit}です。"」といったコードです。余裕があれば、こちらも試してみるとよいでしょう。

　なお、Pythonでは、f-string以外の方法でも文字列に変数を埋め込むことが可能です。しかし、先述のデータ型の変換のように、必要とされるコードの分量が増えてしまいます。より効率よく文字列に変数を埋め込みたければ、f-stringを使いましょう。

　前節から本節にかけて、アプリ「連番付きフォルダー自動作成」の12行目のコード「os.makedirs(f"myData/{folder_name}{i}")」について、用いられている2つの仕組みであるos.makedirs関数とf-stringの基本的な使い方を学びました。これらはいわば予備的な知識であり、次節ではそれらをベースに、コード「os.makedirs(f"myData/{folder_name}{i}")」そのものについて学びます。

# 7-6 連番付きフォルダーの名前を組み立てて新規作成する

### フォルダーを新規作成するコードの大まかな構造

本節では、アプリ「連番付きフォルダー自動作成」の12行目のコード「os.makedirs(f"myData/{folder_name}{i}")」の全体について学びます。前々節で学んだos.makedirs関数、前節で学んだf-stringを組み合わせたコードです。

コード「os.makedirs(f"myData/{folder_name}{i}")」の大まかな構造は先述のとおり、os.makedirs関数の引数に、f-stringの「f"myData/{folder_name}{i}"」を指定したというかたちです。

os.makedirsは引数に指定したフォルダーを新規作成する関数でした。このコードでは引数に「f"myData/{folder_name}{i}"」というf-stringが指定してあり、その文字列によってフォルダーが新規作成されることになります。

まずはここまでの大まかな構造を把握しましょう（図1）。

**図1** コード「os.makedirs(f"myData/{folder_name}{i}")」の大まかな構造

### f-stringの部分はこのような構造になっている

次に、f-stringの部分をひも解いていきます。該当箇所を抜き出したものが以下です。

```
f"myData/{folder_name}{i}"
```

225

## 7-6 連番付きフォルダーの名前を組み立てて新規作成する

「"」で囲まれた部分をよく見ると、文字列「myData/」の後ろに「{folder_name}」と「{i}」の2つが連続して並んでいます。f-stringでは、「{}」の中に変数を記述すれば、その変数の値を埋め込めるのでしたが、前節の最後で簡単に紹介したように、1つの文字列の中に複数の変数を記述して、値を埋め込むこともできるのです。「{folder_name}{i}」と記述すると、変数folder_nameの値と変数iの値を連続して埋め込むことになります。このように、間に別の文字列を挟まなくても、複数の「{変数}」を連続して記述することも可能なのです。

「{folder_name}」と「{i}」の間には、何も記述されていません。よって、変数folder_nameの値と変数iの値が連続して埋め込まれることになります。

「{folder_name}」の前には文字列「myData/」があるのでした。したがって、文字列「myData/」の後ろに、変数folder_nameの値と変数iの値が連続して埋め込まれます（図2）。

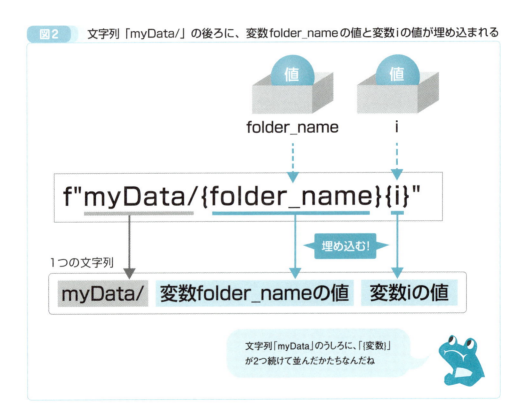

図2 文字列「myData/」の後ろに、変数folder_nameの値と変数iの値が埋め込まれる

文字列「myData/」は、os.makedirs関数で学んだ内容を思い出して欲しいのですが、「/」はフォルダー（ディレクトリ）の階層を意味する記号（パス区切り文字）でした。「myData/」と記述すると、親フォルダーが「myData」という意味になるのでした。

その中に新規作成するフォルダー名が「{folder_name}{i}」です。「myData/{folder_name}{i}」の「myData/」以降の部分になります。この記述は、変数folder_nameの値と変数iの値が埋め込まれるのでした。

変数folder_nameは、アプリ「連番付きフォルダー自動作成」の4行目のコード「folder_name = input("フォルダー名を5文字以内で入力してください: ")」によって、ユーザーが入力した文字列であり、フォルダー名の連番より前の部分でした。

変数iは11行目のコード「for i in range(1, 6):」に登場したものでした。本章で学んだとおり、for文で使う変数であり、for文の書式の「シーケンス」に「range(1, 6)」を指定しているため、変数iには繰り返しの度に、1から5の数値が順に格納されるのでした。

例えば、ユーザーがフォルダー名の連番より前の部分を「データ」と入力したとします。すると、変数folder_nameには、文字列「データ」が格納されます。そして、for文の繰り返しの1回目は、変数iに数値の1が格納されます。

この場合、新規作成するフォルダー名の「{folder_name}{i}」は、「{folder_name}」の部分が「データ」になり、「{i}」の部分が1になるので、結果として「データ1」という文字列になります。このフォルダー名「データ1」が文字列「myData/」の後ろに埋め込まれるので、f-stringの「f"myData/{folder_name}{i}"」は最終的に、「myData/データ1」という文字列になります（図3）。このように繰り返しの1回目では、親フォルダーを「myData」として、「データ1」といった連番付きフォルダー名のパスの文字列「myData/データ1」が組み立てられます。

## 条件分岐の構文には「match」文もある

　Pythonの条件分岐の構文には、本章で学んだif文に加え、「match」文もあります。

　if文はザックリ言えば、基本構文とif-else構文は、1つの条件で2つに分岐するという処理の流れでした。3つ以上に分岐したければ、182ページで簡単に紹介したif-elif-else構文を使うのでした。その際は条件を複数指定する必要がありました。

　match文も3つ以上分岐したい場合に用いる構文です。if-elif-else構文と大きく違うのは、条件は1つだけで済むことです。if-elif-else構文に比べた場合、条件が少ないぶん、コードがスッキリするのがメリットです。逆に、簡単な条件でしか分岐できないのがデメリットです。

　match文の書式や例のコードなどの紹介は、本書では割愛しますが、ChatGPTに質問して調べるとよいでしょう。

## 7-6 連番付きフォルダーの名前を組み立てて新規作成する

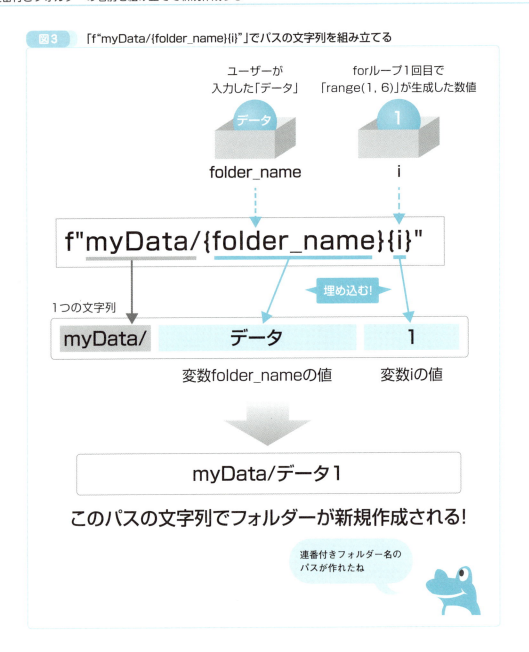

図3 「f"myData/{folder_name}{i}"」でパスの文字列を組み立てる

この文字列がos.makedirs関数の引数に指定されるため、「myData」フォルダーの中に、「データ1」フォルダーが新規作成されます。

　for文の繰り返しの2回目はどうなるでしょうか？　変数iに数値の2が格納されます。変数folder_nameの値は「データ」のままです。よって、f-stringの「f"myData/{folder_name}{i}"」は、「myData/データ2」という文字列になります。そして。os.makedirs関数によって、「myData」フォルダーの中に、「データ2」フォルダーが新規作成されます。

　繰り返しの3回目から5回目も同様に、変数iには3〜5の値が格納され、それがf-stringの

「f"myData/{folder_name}{i}"」に使われ、「myData/データ3」、「myData/データ4」、「myData/データ5」という文字列が順に組み立てられます。そして。os.makedirs関数によって、「myData」フォルダーの中に、「データ3」フォルダーと「データ4」フォルダーと「データ5」フォルダーが順に新規作成されます。

　非常に長くなりましたが、以上がアプリ「連番付きフォルダー自動作成」の12行目のコード「os.makedirs(f"myData/{folder_name}{i}")」の詳細です。

　13行目のコード「print(f"フォルダー '{folder_name}{i}' を作成しました。")」も簡単に解説します。12行目と同様にf-stringが使われており、「フォルダー'データ1'を作成しました」などの文字列を作って出力しています。

　非常にまぎらわしいのが「'」です。この「'」は文字列の書式で登場した「'」ではなく、単にフォルダー名を囲むための文字として使っているだけです。Pythonの文法として何か意味のある使い方はしていません。仕様に含めていないことですが、ChatGPTが提案として自主的に加えた機能になります。

　以上でアプリ「連番付きフォルダー自動作成」のすべてのコードを学び終わりました。条件分岐のif文（if-else構文）とループのfor文がどのような仕組みであり、基本的な使い方はどのようなものであり、このアプリの処理の中でどのように使われているのか理解できたでしょうか？　また、os.makedirs関数やf-stringをはじめ、if文やfor文と組み合わせて使われている他の仕組みについても、キホンを理解できたでしょうか？

　これらの理解は、プログラミング未経験のPython初心者にはなかなかハードルが高いと思いますが、ChatGPTの助けを借りつつ、何度か読み返したり、お手元の開発環境で試したりして、徐々に理解を進めていきましょう。

## 7-6 連番付きフォルダーの名前を組み立てて新規作成する

### コラム

## 用いる文法・ルールを指定してChatGPTでコードを生成

　本章まで学習に用いたアプリ「連番付きフォルダー自動作成」は先述のとおり、第6章にてChatGPTに仕様を伝え、コードを作ってもらいました。ChatGPTは他にもさまざまなプログラムのコードを生成できます。たとえば下記のプロンプトは、「数当てゲーム」のコードを生成するため一例です。

**プロンプト1**

数当てゲームのコードを教えてください。条件は以下です。

#条件
・1〜5の数を当てる。
・5回繰り返す。
・ユーザーに数を入力してもらう。その際、「数を入力してください。」と表示する。
・ユーザーが入力した数が合ってれば「正解！」と表示する。間違っていれば「不正解」表示する。
・点数を付ける。最初は0。正解したら点数を1増やす。
・最後に「あなたの点数は〜点です。」と表示する。

回答例は以下です。

**回答例**

数当てゲームの条件に基づいて、Pythonのコードを作成しました。これを実行すると、ユーザーは1〜5の数字を当てるゲームを5回繰り返し、正解したら点数が増えます。

```
import random  # ランダムな数を作るために使う

# 変数の初期化
score = 0  # 点数
attempts = 5  # 試行回数

# 5回繰り返す
for i in range(attempts):
    number = random.randint(1, 5)  # ランダムな数（1〜5）を生成
    user_guess = int(input("数を入力してください。（1〜5の中で）: "))  # ユーザーに数を入力してもらう
```

```
    if user_guess == number:
        print("正解！")
        score += 1  # 点数を1増やす
    else:
        print("不正解。正しい数は", number, "でした。")

# 最後に点数を表示
print("あなたの点数は", score, "点です。")
```

**このコードのポイント：**

1. `random.randint(1, 5)` を使って、1～5の間でランダムな数字を生成します。

2. `input()` を使って、ユーザーに数を入力してもらいます。入力された数は `int()` で整数に変換されます。

3. 正解なら「正解！」と表示し、点数を1増やします。

4. 間違った場合は「不正解」と表示し、正しい数も教えます。

5. 最後に、合計点数を表示します。

これを試して、楽しんでみてください！

　コードのあとの説明に「間違った場合は「不正解」と表示し、正しい数も教えます。」とあるように、仕様には書かなかった機能も、ChatGPTの提案ベースで盛り込まれています。

　実際にこのコードをJupyter Notebookのセルに入力して実行すれば、遊ぶことができます（画面1）。

## 7-6 連番付きフォルダーの名前を組み立てて新規作成する

▼画面1 「数当てゲーム」のプレイ画面の例

```
        score += 1   # 点数を1増やす
    else:
        print("不正解。正しい数は", number, "でした。")

# 最後に点数を表示
print("あなたの点数は", score, "点です。")
```

```
数を入力してください。（1〜5の中で）： 2
不正解。正しい数は 5 でした。
数を入力してください。（1〜5の中で）： 2
不正解。正しい数は 4 でした。
数を入力してください。（1〜5の中で）： 4
不正解。正しい数は 3 でした。
数を入力してください。（1〜5の中で）： 2
不正解。正しい数は 3 でした。
数を入力してください。（1〜5の中で）： 3
正解！
あなたの点数は 1 点です。
```

テキストベースだけど、こんな感じで遊べるよ

また、使って欲しい仕組みや文法・ルールを指定したうえで、プログラムのコードをChatGPTに生成してもらうことも可能です。たとえば、以下のプロンプトでは、条件分岐とループを使ったうえで、簡単なゲームのコードを生成してもらうためものです。

### プロンプト2

条件分岐とループを使った簡単なゲームのコードを教えてください。

回答例は以下です。筆者環境では、先ほどと同じ数当てゲームのコードが生成されました。

### 回答例

以下は、**条件分岐（if文）とループ（while文）**を使った、簡単な「数当てゲーム」のコードです。ユーザーに1〜10の範囲で数を予想してもらい、正解するまで繰り返します。

数当てゲームのコード：

```python
import random

# 1から10の間でランダムな数を生成
correct_number = random.randint(1, 10)

# 点数の初期化
score = 0
```

連番付きフォルダーの名前を組み立てて新規作成する **7-6**

```python
# ゲームを開始（無限ループ）
while True:
    # ユーザーに数を入力してもらう
    user_guess = int(input("1から10の数を予想してください: "))

    # 入力した数が正解かどうかを判定
    if user_guess == correct_number:
        print("正解！")
        score += 1
        break  # 正解したらループを終了
    elif user_guess < correct_number:
        print("もっと大きな数です。")
    else:
        print("もっと小さな数です。")

    score += 1  # 点数を1増やす

# 点数を表示
print(f"あなたの点数は {score} 点です。")
```

**コードの説明：**

1. random.randint(1, 10) で、1から10の間のランダムな数を生成します。

2. while True で無限ループを作成し、ユーザーが正解するまでゲームが続きます。

3. if文 を使って、ユーザーが予想した数（user_guess）が正解（correct_number）かどうかを判定します。
・正解の場合は "正解！" と表示してループを終了します。
・間違っている場合は、ヒント（「もっと大きな数」「もっと小さな数」）を表示して、再度予想させます。

4. スコアの管理：各ターンで点数を1点ずつ増やし、最後にスコアを表示します。

このゲームは、ユーザーが正解するまで数を当て続けるシンプルな数当てゲームです。

　ループはfor文ではなく、while文が使われています。while文は指定した条件が成立している間、処理を繰り返す構文です（本書では詳しい解説は割愛します。余裕があれば、ChatGPTに質問してみるとよいでしょう）。もし、プロンプトでfor文を使うよう指定すれば、そのとおりのコードが生成されます。

　もちろん、このコードもJupyter Notebookのセルに入力して実行すれば、遊ぶことができます（画面2）。

**7**

**233**

## 7-6 連番付きフォルダーの名前を組み立てて新規作成する

▼**画面2　もうひとつの「数当てゲーム」のプレイ画面の例**

```
    elif user_guess < correct_number:
        print("もっと大きな数です。")
    else:
        print("もっと小さな数です。")

    score += 1   # 点数を1増やす

# 点数を表示
print(f"あなたの点数は {score} 点です。")
```

```
1から10の数を予想してください： 5
もっと小さな数です。
1から10の数を予想してください： 3
もっと小さな数です。
1から10の数を予想してください： 2
正解！
あなたの点数は 3 点です。
```

条件分岐とループを使うよう指定したゲームだよ

　何か仕組みや文法・ルールを新たに学びたいとき、1つの機能だけの単なるサンプルコードだけにとどまるのではなく、この例のようにゲームにするなど、もう一歩進んだサンプルコードをChatGPTに生成してもらって学ぶと、より効率的に学習を進められるでしょう。

　また、上記コードは、点数の付け方をプロンプトで指定しなかったため、先ほどとは異なる方式で点数が付けられるようになっています。もし、他の方式がよければ、自分で考えてコードを変更するか、もしくは、どのような方式にしたいのかChatGPTに伝え、どうコードを変更すればよいか質問するのも有効です。

　このように目的のプログラムをChatGPTに作ってもらい、それをベースとして、あとは目的や自分の好みなどに応じて、機能を追加変更するなどコードを適宜修正すれば、より効率的に目的のプログラムを作成できるでしょう。

# ChatGPTのさらなる活用法とリストの基礎の続き

ChatGPTはPythonの学習や活用にまだまだ幅広く使えます。本章ではその代表的な方法を紹介します。あわせて、リストの基礎の続きも学びます。

# 8-1 機能を追加・変更したければ、ChatGPTに質問するのが早道

## ● コードの新規作成以外でもChatGPTは有効

　前々章の第6章から前章の第7章にかけて、アプリ「連番付きフォルダー自動作成」について、ChatGPTに仕様を伝えて、コードを生成してもらい、それをお手元の開発環境で実際に動作させました。そのなかで、Pythonの仕組みとして、条件分岐のif文および比較演算子、ループ（くり返し）のfor文などを学びました。

　ChatGPTはPythonの文法・ルールを調べたり、コードを生成してもらったりする以外の用途にも、まだまだ幅広く活用できます。本章では、さらなるChatGPT活用方法を学びます。プログラミング未経験のPython初心者がプログラムを自力で作りつつ、新たな仕組みや文法・ルールをより幅広く深く学んでいくことを、より効率よく進められるようにするためのChatGPT活用方法です。

　また、本章の最後にて、第5章5-3節で基礎の基礎だけ学んだリストについて、基礎の続きを学びます。

　本節では、ChatGPTのさらなる活用方法の1つ目として、機能追加・変更のためのコード生成を学びます。第6章では、アプリ「連番付きフォルダー自動作成」のコードをChatGPTで新たに生成してもらいました。同アプリに限らずプログラムは一般的に、一度完成したあとで、機能を追加したり変更したりしたくなるケースが多々あります。

　その際に目的の機能を追加・変更するには、現在のコードをどのように修正すればよいのかをChatGPTに質問するのです。すると、「そのような機能の追加・変更なら、このようにコードを修正すればよいですよ」といった具合に、具体的なコードを回答してくれます。

　そういったChatGPTの活用方法を、アプリ「連番付きフォルダー自動作成」を使って、さっそく体験してみましょう。今回は例として、以下の機能追加・変更を行いたいとします。

　フォルダーを作成する数をユーザーが入力して指定できるようにする

　連番付きフォルダーを自動で作成する数は、第5章5-1節の仕様で定めた通り5つでした。いわば5という固定した数でのみ作成します。これを5だけではなく、ユーザーが好きな数だけ連番付きフォルダー作成できるように機能を追加・変更します。その数はユーザーが入力できるようにします。そのような機能の追加・変更を行ったコードをChatGPTに教えてもらうとします（図1）。

## 8-1 機能を追加・変更したければ、ChatGPTに質問するのが早道

**図1** フォルダー作成数をユーザーが入力できるコードをChatGPTが生成

●現在のプログラム

作成数は5で固定

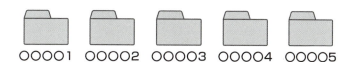

●機能追加後のプログラム

作成数はユーザーが入力

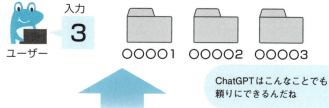

ChatGPTにコードを作成してもらう！

ChatGPTはこんなことでも頼りにできるんだね

そのプロンプトと回答例が以下です。

**プロンプト1**

以下のコードで、フォルダーを作成する数をユーザーが入力して指定できるようにしてください。

```
import os

# フォルダー名を入力
folder_name = input("フォルダー名を5文字以内で入力してください: ")

# 5文字以内か確認
if len(folder_name) > 5:
```

**8-1** 機能を追加・変更したければ、ChatGPTに質問するのが早道

```
        print("フォルダー名を5文字以内にしてください。")
    else:
        # myDataフォルダー内に連番付きフォルダーを作成
        for i in range(1, 6):
            os.makedirs(f"myData/{folder_name}{i}")
            print(f"フォルダー '{folder_name}{i}' を作成しました。")
```

**回答例**

ユーザーがフォルダーを作成する数を入力できるように、次のようにコードを修正します。追加する変更点は、作成するフォルダーの数を入力させる部分です。

```python
import os

# フォルダー名を入力
folder_name = input("フォルダー名を5文字以内で入力してください： ")

# 作成するフォルダーの数を入力
folder_count = int(input("作成するフォルダーの数を入力してください： "))

# 5文字以内か確認
if len(folder_name) > 5:
    print("フォルダー名を5文字以内にしてください。")
else:
    # myDataフォルダー内に連番付きフォルダーを作成
    for i in range(1, folder_count + 1):
        os.makedirs(f"myData/{folder_name}{i}")
        print(f"フォルダー '{folder_name}{i}' を作成しました。")
```

**修正点の説明：**

1. folder_count = int(input("作成するフォルダーの数を入力してください： "))
・ユーザーにフォルダーの作成数を指定してもらう部分です。
・int() 関数で文字列を整数に変換し、フォルダーの数として使用します。

2. for i in range(1, folder_count + 1):
・range(1, folder_count + 1) で、ユーザーが指定した数までループを回し、その数だけフォルダーを作成します。
・例えば、folder_count が5の場合、フォルダー名には連番1から5が付きます。

**例：**

・ユーザーが「フォルダー名」を「data」と入力し、「フォルダーの数」を「3」と指定した場合、myData/data1, myData/data2, myData/data3 が作成されます。

プロンプト1は、最初にどのように機能を追加・変更したいのかをChatGPTに伝え、それに続けて現在のコードをそのままコピー&貼り付けています。このように「追加・変更したい機能＋現在のコード」という形式でChatGPTに質問すれば、上記回答例のように、機能を追加・変更したあとの具体的なコード（修正後のコード）が回答に得られます。

もちろん、このプロンプトの形式はあくまでも例であり、追加・変更したい内容と現在のコードさえChatGPTに伝われば、どのような形式でも構いません。

## 2つの修正点を詳しく見ていこう

また、上記のプロンプト1の回答には、修正後のコードそのものに加え、「修正点の説明」以下に、どの箇所にどうコードを修正したのかの説明もあります。修正点は2箇所です。回答に説明がありますが、補足しながら詳しく見ていきましょう。

修正点の1つ目は以下のコードです。

**コード**

```
folder_count = int(input("作成するフォルダーの数を入力してください: "))
```

このコードのすぐ上のコメントや回答例の説明にあるように、ユーザーにフォルダーの作成数を指定してもらう処理です。修正前のコードには存在しない処理であり、新たに書き加えられています。

コードの内容ですが、核となるのはinput関数です。第6章6-2節で解説したとおり、ユーザーからの入力を受け取るための組み込み関数です。引数に指定したメッセージを表示したのち、ユーザーからの入力を受け取り、戻り値として返すのでした。

上記コードではinput関数を丸ごと、「int」という関数の引数に記述しています。このint関数は、引数に指定した値を数値に変換して返す組み込み関数です。

**書式**

```
int(値)
```

実はinput関数はユーザーの入力した値を文字列として返します。今回はフォルダー作成数をユーザーが入力するのですが、数を入力しても、input関数は文字列として返します。第4章4-2節で学んだとおり、基本となるデータ型として数値と文字列の2種類があるのでした。Pythonのルールとして、データ型は厳密に区別するようになっており、文字列の値（データ）を数値として使うことはできません。もし使おうとすると、エラーになってしまいます。

ユーザーが入力したフォルダー作成数が文字列のままでは、以降のfor文によるフォルダー作成処理に使えないので、int関数によって数値に変換する必要があります。このような理由から、int関数の引数にinput関数を丸ごと記述しているのです。

そして、ユーザーが入力して数値に変換したフォルダー作成数は、変数「folder_count」に格納し、以降の処理に用いています。

8-1 機能を追加・変更したければ、ChatGPTに質問するのが早道

## 「range(1, folder_count + 1)」のカラクリ

修正点の2つ目は以下のコードです。

**コード**
```
for i in range(1, folder_count + 1):
```

修正前のfor文は「for i in range(1, 6):」でした。第7章7-3節でfor文を学んだ際、書式の2つ目のパターンとして「range(開始, 終了)」がありました。組み込み関数のrange関数は、第1引数「開始」に指定した数値から始まり、第2引数「終了」から1少ない数値（手前の数値）で終了する数値の範囲を生成するのでした。

修正前のコード「for i in range(1, 6):」だと、引数「開始」に1、引数「終了」に6を指定しているので、1～5の範囲の数値を生成します。修正前はフォルダー作成数が5つという固定した数であり、連番は1～5の固定であったため、このようなfor文を記述したのでした。引数「開始」に1を指定しているのはフォルダー名の末尾の連番を1から開始するためでした。そして、引数「終了」に6を指定することで、1～5という5つの数値の範囲を生成していました。

修正後のコードでは、「range(開始, 終了)」の引数「終了」が修正前の「6」から、「folder_count + 1」に変更されています。この変数folder_countは1つ目の修正点で登場したものであり、ユーザーが入力したフォルダー作成数が数値として格納されているのでした。

その変数folder_countに1を足した値をrange関数の引数「終了」に指定しています。引数「終了」から1少ない数値で終了する数値の範囲を生成するので、「folder_count + 1」から1少ない数値ということは、変数folder_countの数値で終了する数値の範囲を生成することになります。

たとえば、ユーザーが10を入力したら、変数folder_countには数値の10が格納されます。「folder_count + 1」は10+1で11になり、それから1少ない数値ということで、10で終了する数値の範囲を生成します。数値の10は変数folder_countの値なので、range関数は変数folder_countの数値で終了する数値の範囲を生成する結果となります。

そして、コード「range(1, folder_count + 1)」のrange関数の引数「開始」には1を指定しています。したがって、1から始まり、変数folder_countの数値で終了する数値の範囲を生成することになります（図2）。たとえば、ユーザーが10を入力したなら、1～10の数値の範囲を生成します。

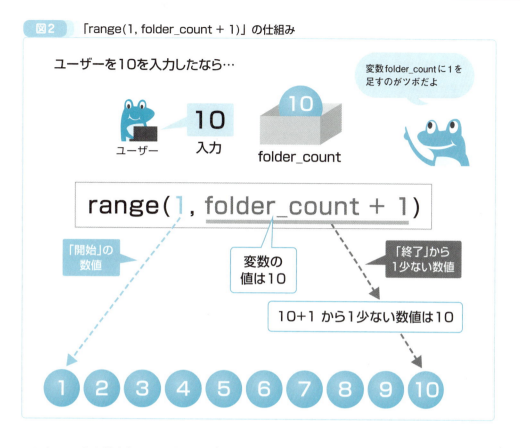

図2 「range(1, folder_count + 1)」の仕組み

　これで、1から始まり、ユーザーが入力した数値で終了する範囲で、for文によってフォルダー作成の処理が繰り返されます。結果として、ユーザーが入力した数値のぶんだけ、フォルダーが作成されます。その際は同時に、フォルダー名の末尾の連番も、その数のぶんだけ1から順に付けられます。

　コードの2つの修正点の解説は以上です。今回は筆者が補足で解説しましたが、ChatGPTに対して、修正点をもっと詳しく噛み砕いて説明してほしい旨の質問を送信するのも、もちろん有効です。

## 意図通りに機能追加・変更できたか確認

　ここで、実際に修正したとおりに動作するのか、お手元の開発環境で試してみましょう。今回はプロンプト1の回答例の「例」をそのままに、フォルダー名の連番より前の部分は「data」、作成数は3を入力するとします。

　修正後のコードをJupyter Notebookの新規セルに入力し、実行してください。

　まずは修正前と同じく、「フォルダー名を5文字以内で入力してください: 」というメッセージが表示されるので、フォルダー名の連番より前の部分を入力してください。ここでは先述のとおり、「data」と入力します（画面1）。

## 8-1 機能を追加・変更したければ、ChatGPTに質問するのが早道

▼画面1　フォルダー名の連番より前の部分を入力

```
# 作成するフォルダーの数を入力
folder_count = int(input("作成するフォルダーの数を入力してください: "))

# 5文字以内か確認
if len(folder_name) > 5:
    print("フォルダー名を5文字以内にしてください。")
else:
    # myDataフォルダー内に連番付きフォルダーを作成
    for i in range(1, folder_count + 1):
        os.makedirs(f"myData/{folder_name}{i}")
        print(f"フォルダー '{folder_name}{i}' を作成しました。")
フォルダー名を5文字以内で入力してください: data
```

全角でもいいんだけど、半角で入力してね

Enterキーを押して確定すると、続けて「作成するフォルダーの数を入力してください:」というメッセージが表示されます。本節で追加した機能の処理です。作成したいフォルダーの数を入力してください。ここでは3を入力したとします（画面2）。

▼画面2　作成したいフォルダーの数を入力

```
フォルダー名を5文字以内で入力してください:  data
作成するフォルダーの数を入力してください: 3
```

この3も半角で入力してね

Enterキーを押して確定すると、作成した3つのフォルダー名「data1」、「data2」、「data3」が出力されます（画面3）。

▼画面3　作成した3つのフォルダー名が出力された

```
フォルダー名を5文字以内で入力してください:  data
作成するフォルダーの数を入力してください: 3
フォルダー 'data1' を作成しました。
フォルダー 'data2' を作成しました。
フォルダー 'data3' を作成しました。
```

このフォルダー名で作成されたよ

カレントディレクトリの「myData」フォルダーを見ると、3つのフォルダー「data1」、「data2」、「data3」が新たに作成されています（画面4）。

▼画面4　3つのフォルダーが新規作成された

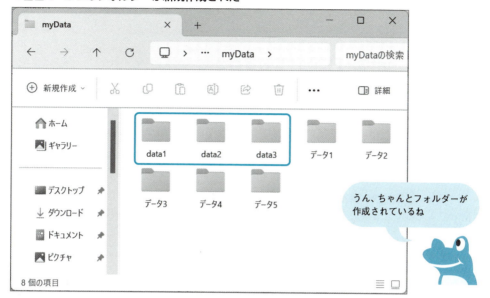

　これで意図通り、アプリ「連番付きフォルダー自動作成」に、ユーザーがフォルダーを作成する数を入力できる機能を追加・変更できたことが確認できました。
　このように一度完成させたプログラムに対して、何か機能を追加・変更したい場合、「追加・変更したい機能＋現在のコード」という形式でChatGPTに質問することで、具体的な修正後のコードと修正点の簡単な解説が得られます。このようなChatGPTの活用方法も有効なので、ぜひとも使っていきましょう。

# 8-2 プログラムがうまく動かない時はChatGPTに直してもらおう

## 困った時はChatGPTに助けてもらおう

　前節では、機能を追加・変更したい場合のChatGPTの活用方法を紹介しました。ChatGPTはそれ以外に、プログラムがうまく動かない時にも有効です。本節では、ChatGPTのさらなる活用方法の2つ目として、自分が書いたプログラムがうまく動かない際に、ChatGPTに直してもらう方法を学びます。

　一般的にプログラミング未経験のPython初心者が、オリジナルのプログラムを自分で考えて書いた際、最初から一発で意図通り動作することは極めてまれでしょう。エラーが発生して途中で止まってしまったり、最後まで動作したとしても、意図通りの結果が得られなかったりすることは日常茶飯事です。

　そのような事態に直面した際、現時点のコードのどこに問題があるのかをつきとめ、どう解決すればよいのかを考え、コードを修正していく必要があるのですが、初心者が自力で行うのは少々ハードルが高い作業です。

　そこで、ChatGPTに質問するのです。問題点の指摘と、具体的な修正後のコードまで提案してくれます（図1）。いわば、うまく動かないコードをChatGPTに直してもらうのです。

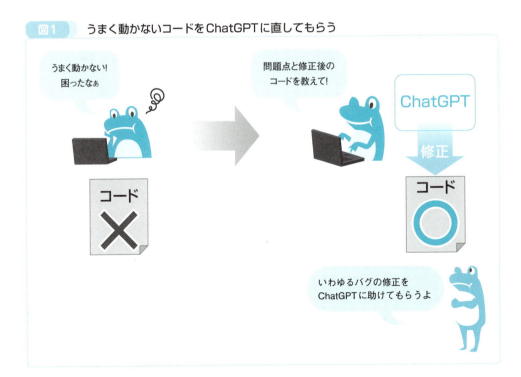

図1　うまく動かないコードをChatGPTに直してもらう

本節ではその方法を紹介します。なお、本節以降は解説をよりわかりやすくするため、アプリ「連番付きフォルダー自動作成」は用いず、これまで各種仕組みの学習で登場したサンプルコードなど、可能な限りシンプルなコードを用いるとします。

## 文法・ルールのエラーを直してもらう

まずは、書いたコードを実行したらエラーになった場合に、ChatGPTに直してもらう方法を学びましょう。

エラーが発生する主な原因は文法・ルールのエラーです。特にPythonに慣れていない初心者は、文法・ルールのエラーを出しがちです。

もっとも、初心者がエラーを出すこと自体は決して悪いことではありません。誰もが最初はたくさんエラーを出すものです。気後れすることなく、どんどんコード書いて実行し、どんどんエラーを出してください。そして、そのエラーをどう修正すればよいのか調べ、実際に修正する経験を重ねることで、Pythonの実践力が向上していくものです。エラーの意味と、どうコードを修正すればよいのかを調べるなど、その経験を重ねていく作業をより効率よく進めていくために、ChatGPTの助けを借りることがコツです。

ここでは、そういったChatGPT活用を身につけるために、エラー（バグ）のあるコードを意図的に作成し、それをChatGPTに修正してもらい、それに従ってコードを修正するという一連の作業を体験します。意図的に設けたエラーのため、どこにどんなエラーがあり、どう直せばよいのかは既にわかっているのですが、わかっていないと仮定し、ChatGPTに質問するとします。

学習に用いるサンプルコードは以下とします。第7章7-3節でfor文およびrange関数を学んだ際に登場したサンプルコードです。

```
for i in range(2, 6):
    print(i)
```

このコードを意図的にエラーが出るよう修正します。1行目の「for i in range(2, 6):」の最後の「:」をわざと削除し、以下とします。

```
for i in range(2, 6)
    print(i)
```

for文の書式は第7章7-1節で学びましたが、「for 変数 in シーケンス:」の最後の「:」（コロン）が欠けているコードにワザと変更しました。for文の文法に反した状態になっています。

とりあえず、このコードをお手元のJupyter Notebookの新規セルに入力して実行してみましょう。すると、画面1のようにエラーが発生し、プログラムは最後まで実行されません。

## 8-2 プログラムがうまく動かない時はChatGPTに直してもらおう

▼**画面1** 「:」をわざと削除したためエラーになった

```
[27]: for i in range(2, 6)
          print(i)

    Cell In[27], line 1
        for i in range(2, 6)
                            ^
    SyntaxError: expected ':'
```

当然エラーになるよね

表示されたエラーのメッセージを抜き出すと以下です。

```
Cell In[15], line 1
    for i in range(2, 6)
                        ^
SyntaxError: expected ':'
```

このエラーをChatGPTに修正してもらいましょう。プロンプトと回答例は以下です。

**プロンプト1**

次のコードを修正してください。

#コード
for i in range(2, 6)
    print(i)

#エラーメッセージ
　Cell In[27], line 1
　　for i in range(2, 6)
　　　　　　　　　　　　^
SyntaxError: expected ':'

**回答例**

エラーメッセージの原因は、for文の終わりにコロン（：）がないためです。正しい構文に修正するには、for文の末尾にコロンを追加します。

修正後のコードは次の通りです：
```
for i in range(2, 6):
    print(i)
```

> このようにコロン（:）を追加することで、forループの構文が正しくなり、エラーが解消されます。

　上記のプロンプト1は、「次のコードを修正してください。」に続けて、コードとエラーメッセージをChatGPTに伝えています。このコードとエラーメッセージは、Jupyter Notebookのセルからコピーし、そのままChatGPTのプロンプトに貼り付けています。

　得られた回答例には、コロン（:）がないことが明記され、修正後のコードも提示されます。これで、エラーの原因と、どのように修正すればよいのかがわかりました。念のため、お手元のJupyter Notebookのセルにて、回答例のように「:」を追加して実行し、エラーがでないことを確認しておきましょう（画面2）。

▼画面2　回答の内容に従いコードを修正し、エラーがなくなった

```
[28]: for i in range(2, 6):
          print(i)

      2
      3
      4
      5
```

ChatGPTの回答で、エラーを修正できたよ

　今回のような単純なエラーなら、エラーメッセージまで伝える必要はないかもしれませんが、文法・ルールをまだ把握しきれていない初心者の間は、エラーメッセージもコードと一緒にChatGPTに伝えると、より確実でしょう。

　たとえば、range関数の「)」を閉じ忘れたエラーの場合、エラーメッセージは「SyntaxError: invalid syntax」と表示され、「^」という記号によって、コードのどの箇所で閉じ忘れているのか示してくれるのですが、初心者にはわかりづらいものです。

　また、「:」を誤って全角で入力してしまった場合、エラーメッセージは「SyntaxError: invalid character '：' (U+FF1A)」と表示され、「^」によって該当箇所も示してくれます。しかし、これらの情報だけでは、初心者にはなぜエラーになり、どう修正すればよいかわからないでしょう。

　よって、修正方法まで教えてくれるChatGPTに助けてもらうが効率的でしょう。

## ●「論理エラー」の解決でもChatGPTの出番

　広義のエラーとして、文法・ルールは誤っておらず、プログラムは最後までちゃんと動くのですが、得られる結果が自分の意図通りではないというエラーがあります。言い換えると、想定通りの実行結果が得られないというエラーです。このようなエラーは一般的に専門用語で「論理エラー」と呼ばれます。本書ではこの用語を解説に用いるとします。

　論理エラーの主な原因は、自分で考えた処理手順の誤りです。さきほどの文法・ルールの

エラーなら、実行した際にエラーメッセージが表示されるので、まだ解決の糸口があります。一方、論理エラーの場合は文法・ルールに反したわけではないので、エラーメッセージすら表示されません。コードのどこから調査すればよいのか、まずはそのレベルから調べていかなければなりません。

そのため、論理エラーはどこに原因があるのかを調べ、どう修正すればよいのかを考えて導き出すことは、初心者には非常にハードルが高い作業です（図2）。複雑なプログラムになると、中上級者でも難儀するものです。

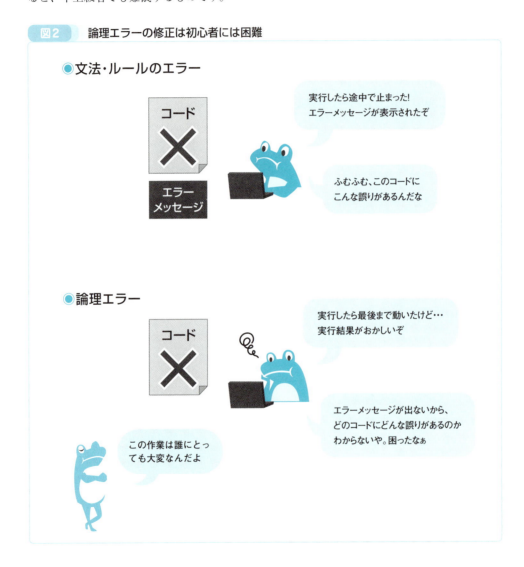

図2　論理エラーの修正は初心者には困難

そこでChatGPTの出番です。プロンプトの内容としては基本的に、本来自分が望んでいる実行結果と現在のコードを伝えれば、論理エラーの原因と修正後のコードを教えてくれます。

それでは、そういったChatGPT活用の学習として、論理エラーのあるコードを意図的に作

成し、それをChatGPTに修正してもらい、それに従ってコードを修正するという一連の作業を体験します。

学習に用いるサンプルコードは以下とします。

**コード**
```
for i in range(5):
    print(i)
```

第7章7-1節のプロンプト2の回答例にあったコードです。実行すると0から4までの数値を順に出力します。

実際にお手元の開発環境で上記コードを書いて実行すると、画面3のように0から4までの数値（0、1、2、3、4）が順に出力されます。文法・ルールには何ら反していないので、エラーが出ることなく、最後まで動きます。このコードは第7章7-2節ですでにお手元の開発環境で体験しているので、ここで改めて記述・実行する必要はありませんが、余裕があれば再度確認しておくとよいでしょう。

▼**画面3** 0から4までの数値が順に出力される

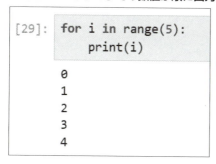

ここでは想定シチュエーションとして、「本来は0から5までの数値を順に出力したいのに、0から4までしか出力されない」という論理エラーに直面したと仮定します。0から4までしか出力しないコードを意図的に書いているため、そのような実行結果になるのですが、本来は0から5までを出力したいのに、原因と修正方法がわからないと仮定します。

この論理エラーをChatGPTに修正してもらいましょう。プロンプトと回答例は以下です。

**プロンプト2**

以下のコードで0から5までを出力するには、どう修正すればよいですか？

for i in range(5):
　　print(i)

> **回答例**
>
> range(5)は、デフォルトで0から4までの数字を生成します。0から5までを出力したい場合、range(6)に変更すれば解決します。range関数の最後の数は「含まれない」ため、6を指定することで0から5までが出力されます。
>
> 修正後のコードは次の通りです：
> ```
> for i in range(6):
>     print(i)
> ```
>
> このコードを実行すると、0から5までが正しく出力されます。

プロンプト2の言い回しは一例であり、自分が本来欲しい実行結果と現在のコードが明確に伝わるなら、どのようなプロンプトでも構いません。

回答例にはrange関数の機能や使い方、0から5までの数値を出力するにはどう修正すればよいのかが説明され、続けて修正後のコードが載っています。この回答によって、range関数の引数を5から6に変更するよう修正すれば、本来の意図通り0から5までの数値が出力されるようになることがわかります。

実際にJupyter Notebookで修正し、実行した結果が画面4です。0から5の数値が順に出力されるよう修正できたことが確認できます。

▼**画面4** 0から5の数値が順に出力されるように修正できた

```
[30]: for i in range(6):
          print(i)

      0
      1
      2
      3
      4
      5
```

回答どおりに修正したら、5まで出力できたよ

このように論理エラーに直面したら、ChatGPTに質問して助けてもらいましょう。場合によっては、プロンプトには自分が本来欲しい実行結果とコードの他に、現時点での実行結果（誤った実行結果）などの情報も含めるとよいケースもあります。

# 8-3 自分が書いたコードをChatGPTに改善してもらおう

## ● 機能は同じのまま、ベターなコードに書き換える

　本節では、ChatGPTのさらなる活用方法の3つ目として、コードの改善を学びます。

　一般的に、Pythonのオリジナルのコードを自分で考えて記述し、文法・ルールのエラーも論理エラーもなく、意図通りの実行結果が得られた際、そのコード自体は十分に目的を達成できていることは確かな事実です。

　しかし、たとえば「同じ処理でもこの関数を使った方が、もっとコードが読みやすくなり、将来的な機能の追加・変更にも対応しやすくなる」や「こういうコードにした方が、処理スピードがより速くなる」など、コードに改善の余地が残されているケースが多々あります。その場合はコードを改善するよう一部を書き換えた方がベターでしょう。

　とはいえ、特にプログラミング未経験のPython初心者にとっては、どう改善すればよいのか、そもそもどこに改善の余地があるのかは、なかなかわからないものです。

　そこでChatGPTの助けを借ります。現状のコードのどこに改善の余地があるのか、どう改善すればよいのか、具体的なコードを教えてもらうのです（図1）。

## 8-3 自分が書いたコードをChatGPTに改善してもらおう

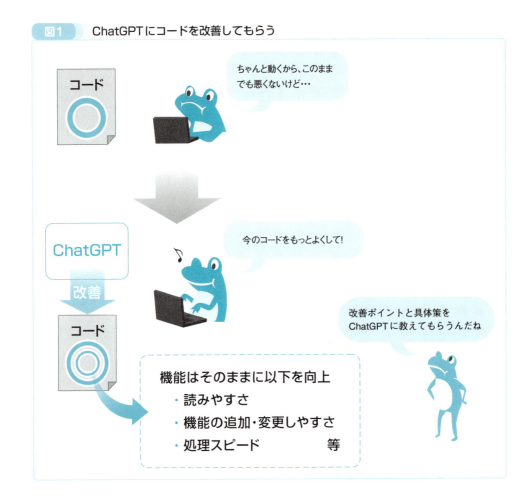

図1　ChatGPTにコードを改善してもらう

なお、このように一度作成したプログラムに対して、求められる機能を備えているものの、コードの読みやすさや機能の追加・変更しやすさ、処理速度向上などを目的に、コードを改善する行為のことは、一般的に専門用語で「リファクタリング」と呼ばれます。

### 改善するサンプルコードの紹介

本節ではChatGPTによるコード改善を学ぶにあたり、次のサンプルコードを用いるとします。ChatGPTに作ってもらったものではなく、筆者が考えて書いたものです。

```
import os

folder = input("フォルダー名を入力してください")                    ❶
sub_folder = input("サブフォルダー名を入力してください")             ❷
folder_path = "myData" + "/" + sub_folder + "/" + folder          ❸
os.makedirs(folder_path)                                          ❹
```

先にこのサンプルコードを解説します。

まずは機能を紹介します。大まかに言えば、階層的なフォルダーの作成です。詳しく述べると、カレントディレクトリ以下の「myData」フォルダーの中に、指定した名前でサブフォルダーを作り、さらにそのサブフォルダーの中に指定した名前でフォルダーを作成するという機能です（図2）。フォルダーの名前とサブフォルダーの名前は、ユーザーが入力して自由に指定できるとします。

なお、ここでは作成したいフォルダーの上の階層に位置するフォルダーのことをサブフォルダーと定義するとします。

**図2** 本節のサンプルコードの機能概要

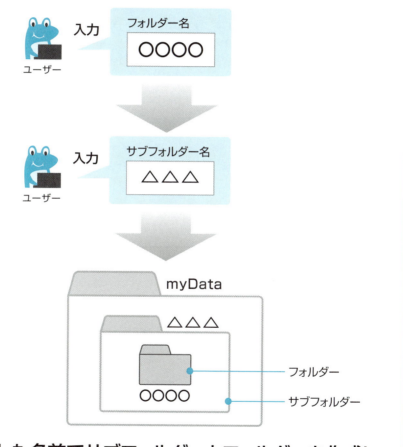

入力した名前でサブフォルダーとフォルダーを作成!

このサンプルを
これから使うよ

## 8-3 自分が書いたコードをChatGPTに改善してもらおう

　ここで、上記サンプルコードをお手元の開発環境で実行して、どのような機能のプログラムなのかを確かめてみましょう。このコードは本書ダウンロードファイル（5ページ）に含まれるテキストファイル「8-3サンプルコード.txt」に用意しておきました。同ファイルを「メモ帳」などのテキストエディタで開き、コピーしたら、Jupyter Notebookの新規セルに貼り付けて入力してください（画面1）。

▼画面1　サンプルコードを新規セルに入力した状態

```
import os

folder = input("フォルダー名を入力してください")
sub_folder = input("サブフォルダー名を入力してください")
folder_path = "myData" + "/" + sub_folder + "/" + folder
os.makedirs(folder_path)
```

そのままコピペして使ってね

　貼り付けられたら実行してください。最初は「フォルダー名を入力してください」というメッセージが表示され、入力可能な状態になります。フォルダー名を入力してください。このフォルダー名は、サブフォルダーの下の階層に作成するフォルダーの名前に該当します。ここでは例として、「東京」と入力したとします（画面2）。

▼画面2　フォルダー名を「東京」と入力

```
import os

folder = input("フォルダー名を入力してください")
sub_folder = input("サブフォルダー名を入力してください")
folder_path = "myData" + "/" + sub_folder + "/" + folder
os.makedirs(folder_path)
```
フォルダー名を入力してください 東京

まずはフォルダー名を入力するよ

　Enterキーを押して確定してください。すると、続けて「サブフォルダー名を入力してください」というメッセージが表示され、入力可能な状態になります。サブフォルダー名を入力してください。ここでは例として、「関東」と入力したとします（画面3）。

▼画面3　サブフォルダー名を「関東」と入力

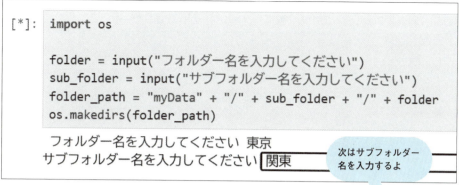

　Enter キーを押して確定してください。これでカレントディレクトリ以下の「myData」フォルダーの中に、それぞれ指定した名前で、サブフォルダーが作成され、その中にフォルダーが作成されます。今回の例の場合、これでカレントディレクトリ以下の「myData」フォルダーの中には「関東」フォルダーが作成され、さらにその中に「東京」フォルダーが作成されます。

　実際にカレントディレクトリ以下の「myData」フォルダーを開くと、サブフォルダーとして、「関東」フォルダーが作成されたことが確認できます（画面4）。

▼画面4　サブフォルダーである「関東」フォルダーが作成された

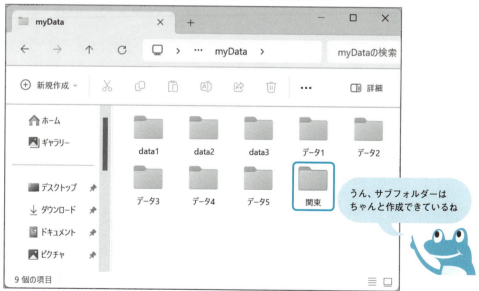

さらにサブフォルダーである「関東」フォルダーを開くと、「東京」フォルダーが作成され

たことが確認できます（画面5）。

▼画面5 「関東」フォルダーの中に「東京」フォルダーが作成された

ここからは252ページに提示したサンプルコードの処理内容をザッと解説します。❶のコードではinput関数を使い、ユーザーが入力したフォルダー名を変数「folder」に格納します。❷のコードも同様にinput関数を使い、ユーザーが入力したサブフォルダー名を変数「sub_folder」に格納します。

❸のコードは作成するフォルダーのパスの文字列を組み立てる処理です。カレントディレクトリ以下の「myData」フォルダーの中に、サブフォルダーを作成し、さらにその中にフォルダーを作成するため、以下形式でパスを組み立てます。

**myData/サブフォルダー名/フォルダー名**

「myData」フォルダーの名前とサブフォルダー名、フォルダー名をそれぞれ「/」で連結した形式です。「/」は第7章7-4節（215ページ）で簡単に触れましたが、パス区切り文字であり、パスの区切り（フォルダーなどの階層）を表す文字です。上記形式のように「/」で連結するコードとしては、文字列「myData」と文字列「/」、サブフォルダー名が格納された変数sub_folder、文字列「/」、フォルダー名が格納された変数folderを「+」演算子で連結しています（図3）。第4章4-5節で学んだように、「+」演算子は数値の足し算に加え、文字列の連結にも使えるのでした。

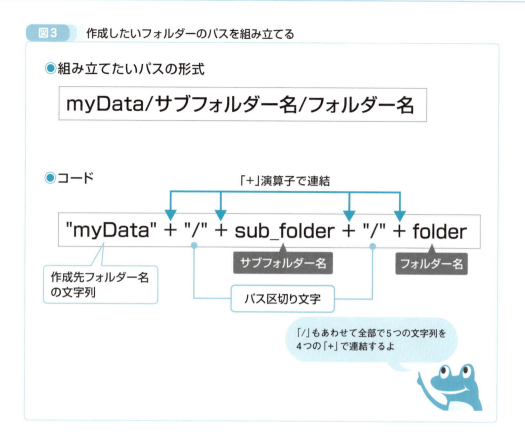

図3　作成したいフォルダーのパスを組み立てる

❸では、組み立てたパスを変数「folder_path」に格納しています。その変数folder_pathをos.makedirs関数の引数に指定することで、カレントディレクトリ以下の「myData」フォルダーの中に、サブフォルダーを作成し、さらにその中にフォルダーを作成します。os.makedirs関数は第6～7章で解説に用いたアプリ「連番付きフォルダー自動作成」で登場したものであり（詳細の解説は第7章7-4節）、フォルダーを作成するosライブラリの関数でした。引数に階層的なフォルダー構造のパスの文字列を指定すれば、その階層に応じて複数のフォルダーをまとめて作成できるのでした。

## ChatGPTにサンプルコードを改善してもらう

このサンプルコードは先ほどお手元の開発環境で確認したように、目的の機能を備えています。このコードにどこに改善の余地があり、どう改善したらよいのか、さっそくChatGPTに質問してみましょう。プロンプトと回答例は以下です。

**プロンプト1**

以下のコードを改善してください。

import os

**8-3** 自分が書いたコードをChatGPTに改善してもらおう

```
folder = input("フォルダー名を入力してください")
sub_folder = input("サブフォルダー名を入力してください")
folder_path = "myData" + "/" + sub_folder + "/" + folder
os.makedirs(folder_path)
```

回答例

このコードを改善するために、以下の点に着目します。

**改善点：**

1. `os.path.join()` を使う：フォルダパスを結合する際に、`+` を使う代わりに、`os.path.join()` を使用して OS に依存しない方法でパスを作成します。

2. `exist_ok=True` の追加：`os.makedirs()` に `exist_ok=True` を追加して、既にフォルダが存在してもエラーが発生しないようにします。

3. 入力が空の場合のチェック：空のフォルダ名やサブフォルダ名が入力された場合の対策を加えることも有用です。

**改善後のコード：**

```python
import os

# フォルダー名とサブフォルダー名を入力
folder = input("フォルダー名を入力してください：")
sub_folder = input("サブフォルダー名を入力してください：")

# フォルダ名とサブフォルダ名が空でないか確認
if folder and sub_folder:
    # OSに依存しないパスを作成
    folder_path = os.path.join("myData", sub_folder, folder)

    # フォルダ作成
    os.makedirs(folder_path, exist_ok=True)
    print(f"フォルダー '{folder_path}' を作成しました。")
else:
    print("フォルダー名とサブフォルダー名を正しく入力してください。")
```

**改善点の説明：**

・`os.path.join()`：パスの結合を安全かつシンプルに行い、プラットフォームに依存しない形式でパスを作成します。

・`exist_ok=True`：既にフォルダが存在していてもエラーを回避し、新しいフォルダが必要なら作成します。

> ・空の入力チェック：フォルダ名やサブフォルダ名が空であればエラーメッセージを表示するようにしました。
>
> これにより、コードがより堅牢で扱いやすくなります。

　プロンプトはストレートに「以下のコードを改善してください。」と始め、現在のコードをそのままコピー＆貼り付けています。

　上記回答例では冒頭に記されているように、大きくは以下の3つの点に着目してコードが改善されました。改善後のコードでの該当箇所は図4のとおりです。

1. os.path.join() を使う
2. exist_ok=True の追加
3. 入力が空の場合のチェック

**図4** 改善後のコードの3つの改善点

```python
import os

# フォルダー名とサブフォルダー名を入力
folder = input("フォルダー名を入力してください: ")
sub_folder = input("サブフォルダー名を入力してください: ")

# フォルダ名とサブフォルダ名が空でないか確認
if folder and sub_folder:
    # OSに依存しないパスを作成
    folder_path = os.path.join("myData", sub_folder, folder)

    # フォルダ作成
    os.makedirs(folder_path, exist_ok=True)
    print(f"フォルダー '{folder_path}' を作成しました。")
else:
    print("フォルダー名とサブフォルダー名を正しく入力してください。")
```

改善の余地があるところはこの3箇所なんだね

**8-3** 自分が書いたコードをChatGPTに改善してもらおう

これら3つの改善点の説明は回答例にありますが、簡単に補足します。

### 1. os.path.join() を使う

作成するフォルダーおよびサブフォルダーのパスを組み立てる処理は、改善前のコードは❸のとおり、「＋」演算子を使い、各フォルダー名とサブフォルダー名と「/」を連結していました。改善後のコードでは、「os.path.join」という関数を使う方法に変更しています。

os.path.join関数は引数に指定したフォルダー名など複数のパスの文字列を、パス区切り文字で連結して返します。osライブラリの関数です。関数名は「path」と「join」の間に「.」があり、厳密な意味は「osモジュールのpathサブモジュールのjoin関数」です。

書式は以下です。

**書式**

```
os.path.join(パス1, パス2……)
```

改善後のコードでは以下のように、文字列「myData」と変数sub_folder、変数folderを引数に指定しています。

**コード**

```
os.path.join("myData", sub_folder, folder)
```

os.path.join関数を使うと、いちいち「＋」演算子と「/」をいくつも記述する必要がなくなるので、コードがスッキリ読みやすくなり、変更も容易になります。特にパスが長くなる場合にそのメリットは大きくなります。

しかも、実はパス区切り文字はOSの種類によって異なるのですが、os.path.join関数は自動で判別し、自動で付与して連結してくれます。なお、「/」はもともとLinux/Mac系OSのパス区切り文字であり、Windowsのパス区切り文字は本来「¥」（環境によってはバックスラッシュとして表示されます）なのですが、Windowsでは「/」でもプログラムは問題なく動作します。また、Pythonのルールとして、「¥」をパス区切り文字として使う際は、2つ重ねて「¥¥」と記述する必要があるのですが、os.path.join関数ならそれも自動で行ってくれます。

このサンプルコードにおける「＋」演算子とos.path.join関数のように、異なる方法によって同じ結果が得られるケースはよくあります。一般的には、os.path.join関数を用いた方が、コードの読みやすさや変更しやすさなどの面でよりメリットが大きく、ベターであると言えるでしょう。

このようにプログラマーがよりメリットが大きい方法を知らずにコードを書いてしまうケースは初心者にありがちです。ChatGPTにコードを改善してもらうことで、よりメリットが大きい方法を知り、それ以降はなるべく使うようにするとよいでしょう。

自分が書いたコードをChatGPTに改善してもらおう **8-3**

## 2. exist_ok=True の追加

os.makedirs関数は第7章7-4節の最後で学んだように、省略可能な引数cxist_okがあります。Trueを指定すると、同じ名前のフォルダーが既に存在しているなら新規作成しないよう、エラーを自動で回避してくれます。改善後のコードでは、引数exist_okは指定していなかったので、エラーでプログラムが途中で止まってしまうリスクがありましたが、改善後のコードでは、エラーのリスクを解消できました。

## 3. 入力が空の場合のチェック

改善前のコードでは、ユーザーがフォルダー名とサブフォルダー名を何も入力しなかった空の場合、エラーになります。空の名前のフォルダーやサブフォルダーを無理矢理作成しようとするからです。input関数はユーザーが何も入力せずに Enter キーを押してしまうと、空の文字列を返す仕様になっているので、このような事態が起こりうるのです。

そこで改善後のコードでは、フォルダー名とサブフォルダー名が空かどうかをチェックし、空なら作成しない機能を追加しています。

空かどうかをチェックするコードがif文の「if folder and sub_folder:」です。if文の条件は変数folderと変数sub_foldeの間に「and」を記述しています。andは一体何なのでしょうか？

とりあえず「if folder and sub_folder:」をChatGPTに質問してみましょう。プロンプトと回答例は以下です。

---

**プロンプト2**

if folder and sub_folder:　を説明してください。

---

**回答例**

if folder and sub_folder: というコードは、2つの変数 folder と sub_folder が **両方とも真（値が存在するか空でない）** であるかを確認するための条件文です。

**動作の説明**

・folder と sub_folder の値が空ではなく有効であれば、if文のブロックが実行されます。

・Pythonでは、空の文字列 "" や None は偽とみなされます。

・逆に、何らかの値が入っている（例：``"myData"``, ``"2025年"``）場合は真となります。

**例:**

```
folder = "myData"
sub_folder = "2025年"

if folder and sub_folder:
    print("Both folder and sub_folder have values.")
```

261

**8-3** 自分が書いたコードをChatGPTに改善してもらおう

**動作：**

・folder と sub_folder に値がある場合、ifの条件が満たされ、「Both folder and sub_folder have values.」が出力されます。

・もしどちらかが空（例：folder = ""）や None であれば、if文は実行されません。

この書き方は、2つ以上の条件を簡潔にまとめて確認したい場合に便利です。

この回答例では、andの説明がほぼないので、追加で質問してみましょう。プロンプトと回答例は以下です。

**プロンプト3**

andを簡潔に説明してください。

**回答例**

andは、論理演算子の1つで、複数の条件がすべて真（True）のときに、全体を真とするために使います。条件の1つでも偽（False）であれば、結果は偽になります。

**例：**

```
x = 5
y = 10

if x > 0 and y > 0:
    print("Both are positive.")
```

この場合、x > 0 と y > 0 の両方が真なので、条件が成立し「Both are positive.」が出力されます。

andは、「両方とも真なら実行」という条件を設定するために使います。

上記回答に記されているように、andは演算子の一種であり、「論理演算子」に分類されます。機能は、複数の条件がすべてTrue（真）の場合、全体をTrueと判定します。基本的な書式は以下です。

**書式**

条件1 and 条件2

条件1と条件2が両方ともTrueなら、全体をTrueと判定します。条件1と条件2の片方、もしくは両方ともFalse（偽）なら、全体をFalseと判定します。

上記プロンプト3の回答にあるand演算子の例のif文で、条件だけを抜粋したものが以下です。

262

```
x > 0 and y > 0
```

この場合、1つ目の条件が「x > 0」、2つ目の条件が「y > 0」です。これら2つの条件が両方ともTrueなら、「x > 0 and y > 0」は全体でTrueと判定します（図5）。

図5　and演算子の機能と使用例

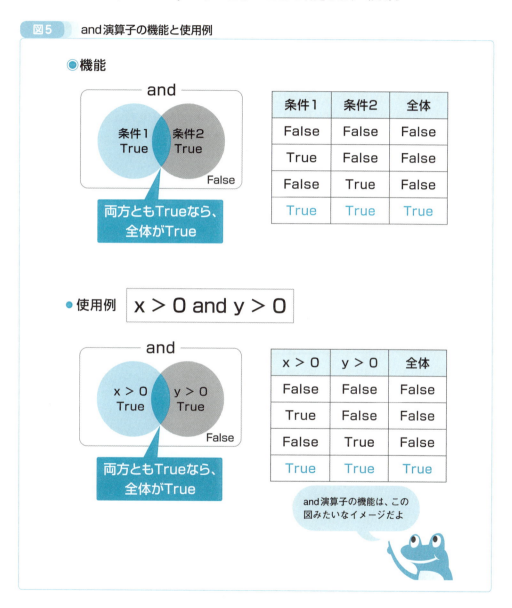

また、基本的な書式では条件は2つでしたが、and演算子は3つ以上の条件も指定できます。その場合はandを追加して同様に条件を並べていきます。

and演算子の基本を学んだところで、プロンプト2の回答例にある条件「folder and sub_

folder」の説明を補足します。

　この条件は先述のとおり、変数folderと変数sub_folderの間にand演算子を記述しています。and演算子の書式にあてはめると、1つ目の条件が変数folder、2つ目の条件が変数sub_folderになります。

　変数を記述しただけなのに条件になるのでしょうか？　プロンプト2の回答例に説明がありますが、変数だけを条件として記述した場合、その変数の値が空でなければTrue、空であればFalseと見なされます。そのため、変数を記述しただけでも条件になるのです。

　また、1つ目の条件の変数folderは、意味としては「folder == True」のように、変数folderがTrueかどうかを判定していることになります。if文の条件に限らず、「== True」の部分はいちいち記述しなくても、変数名だけを記述すれば、Trueかどうかは判定してくれます。すると、コードがよりスッキリします。2つ目の条件も同様に、変数sub_folderだけを記述しています。この条件の書き方はPythonではよく使われるので、覚えておくとよいでしょう（図6）。

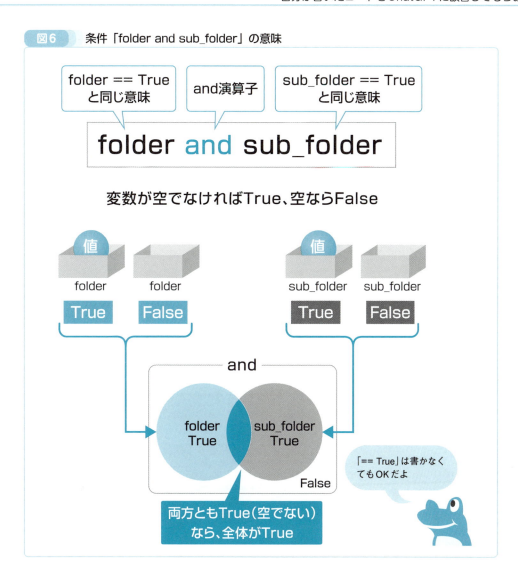

図6 条件「folder and sub_folder」の意味

　1つ目の条件の変数folderも2つ目の条件の変数sub_folderも、値はinput関数によってユーザーが入力するのでした。その値が両方とも空でなければ、2つの条件は両方ともTrueとなり、全体でTrueと判定します。その場合はif以下の処理が実行され、フォルダーとサブフォルダーが作成されます。

　いずれか片方が空、もしくは両方とも空なら、全体でFalseと判定します。その場合はelse以下の処理が実行され、メッセージ「フォルダー名とサブフォルダー名を正しく入力してください。」が出力されます。フォルダーとサブフォルダーは作成されないので、エラーは発生しません。

　改善後のコードはこのような処理によって、入力が空の場合のチェックを行っています。

　改善後のコードの3つの改善点の補足は以上です。

## 実際に動作させて3つの改善点を確認

　それでは、改善後のコードをお手元の開発環境で動かしてみましょう。このコードは本書ダウンロードファイル(5ページ)に含まれるテキストファイル「8-3サンプルコード改善後.txt」に用意しておきました。同ファイルを「メモ帳」などのテキストエディタで開き、コピーしたら、Jupyter Notebookの新規セルに貼り付けて入力してください。

　入力できたら実行してください。まずは1つ目の改善点「os.path.join() を使う」を確認してみましょう。パスを組み立てる処理を「+」演算子からos.path.join関数による方法に変更したのでした。

　ここでは「関西」フォルダーの中に「大阪」フォルダーを作成するとします。この場合、フォルダー名は「大阪」、サブフォルダー名は「関西」と入力します。では、プログラムを実行し、フォルダー名を「大阪」、サブフォルダー名を「関西」と入力してください(画面6)。

▼画面6　フォルダー名を「大阪」、サブフォルダー名を「関西」と入力

```
if folder and sub_folder:
    # OSに依存しないパスを作成
    folder_path = os.path.join("myData", sub_folder, folder)

    # フォルダ作成
    os.makedirs(folder_path, exist_ok=True)
    print(f"フォルダー '{folder_path}' を作成しました。")
else:
    print("フォルダー名とサブフォルダー名を正しく入力してください。")
```

フォルダー名を入力してください：　大阪
サブフォルダー名を入力してください：　関西

最初に「大阪」、次に「関西」って入力するよ

　Enterキーを押して確定すると、「関西」フォルダーの中に「大阪」フォルダーが作成された旨のメッセージが出力されます(画面7)。なお、パス区切り文字は本来「¥」なのですが、Windows 11環境のJupyter Notebook上ではバックスラッシュとして表示されます。Windows 10環境では、本来の「¥」で表示されます。

　そして、非常にややこしいのですが、os.path.join関数の処理結果として、自動で「¥¥」と2つ重ねてられいるのですが、print関数で出力される際は「¥」は1つだけになります。これは2つ重ねている「¥」の後ろがパス区切り文字であり、前は「エスケープシーケンス」という役割となっているからです。エスケープシーケンスは「¥」など特殊な記号を文字列の中で扱えるようにするための仕組みです。詳しい解説は割愛しますが、余裕があれば

ChatGPTに質問してみるとよいでしょう。

▼画面7　フォルダーが作成された旨のメッセージが出力される

```
フォルダー名を入力してください：　大阪
サブフォルダー名を入力してください：　関西
フォルダー 'myData\関西\大阪' を作成しました。
```

「¥」はバックスラッシュで表示されるよ

「myData」フォルダーの中を見ると、「関西」フォルダーが作成されています（画面8）。

▼画面8　「myData」フォルダーの中に「関西」フォルダーが作成された

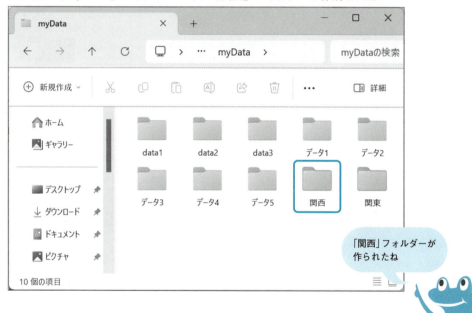

「関西」フォルダーが作られたね

「関西」フォルダーの中を見ると、「大阪」フォルダーが作成されています（画面9）。

▼画面9　「関西」フォルダーの中に「大阪」フォルダーが作成された

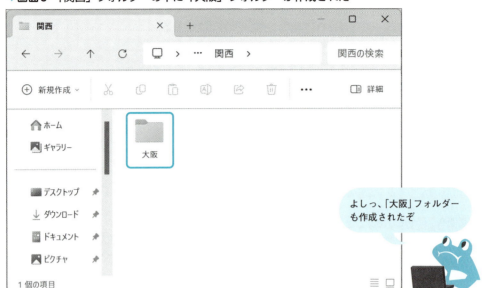

　これで1つ目の改善点を確認できました。機能および実行結果だけを見ると、改善前と変わらず、フォルダーとサブフォルダーを作成できました。しかし、その処理のコードでは、「+」演算子による連結ではなく、os.path.join関数によるパスの組み立てが行われ、OSの種類に応じたパス区切り文字による自動連結が行われています。改善の結果、コード全体がすっきりして、読みやすさや機能の追加・変更しやすさがアップしました。

　次は2つ目の改善点「exist_ok=True の追加」を確認します。既にあるフォルダーやサブフォルダーを作成しようとすることで発生するエラーを回避する機能です。
　ここでは、先ほどと全く同じく「関西」フォルダーの中に「大阪」フォルダーを作成してみます。プログラムを再び実行したら、「大阪」と「関西」を入力し、それぞれ Enter キーを押して確定してください。すると、先ほどと同じく「関西」フォルダーの中に「大阪」フォルダーが作成された旨のメッセージが出力されます（画面10）。

▼画面10　同じフォルダーが作成されない機能の確認

```
フォルダー名を入力してください：　大阪
サブフォルダー名を入力してください：　関西
フォルダー 'myData\関西\大阪' を作成しました。
```

　このようなメッセージが出力されてしまいましたが、「myData」フォルダーの中を見ると、

「関西」フォルダーは1つのままです。「関西」フォルダーの中も、「大阪」フォルダーは1つのままです。エラーでプログラムが途中で止まってしまうことはありません。ちゃんと改善したとおり、既に存在するフォルダーを作成するエラーを回避しています。

ただし、フォルダーが作成された旨のメッセージを出力するコード「print(f"フォルダー '{folder_path}' を作成しました。")」は、改善後のコードを改めて見直すと、コード「os.makedirs(folder_path, exist_ok=True)」の次の行に記述されていることが確認できます。そのため、os.makedirs関数でフォルダーの作成が行われようが行われまいが、フォルダーが作成された旨のメッセージを出力してしまうようになっています（図7）。

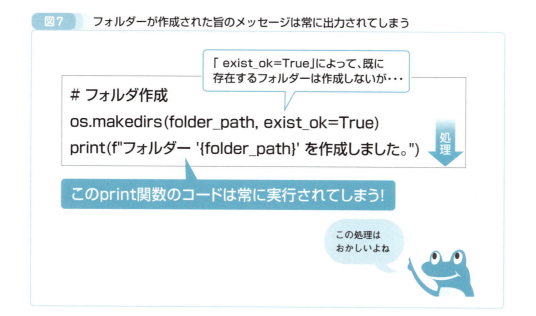

図7　フォルダーが作成された旨のメッセージは常に出力されてしまう

確かに既に存在するフォルダーを作成するエラーは回避できるよう改善されましたが、フォルダーが作成された旨のメッセージを出力するコードはその改善にあわせた変更が行われておらず、つねに実行されます。その結果、あたかも作成されたような誤解を与えてしまいます。

このようにChatGPTの回答は必ずしもすべて正しいとは言えないので、回答のコードを何でも鵜呑みすることなく、お手元の開発環境で動かし、上記のような矛盾がないかなどをチェックして、必要に応じて自分で原因と解決策を考えて修正しましょう（今回は修正の解説を割愛します）。

最後は、3つ目の改善点「入力が空の場合のチェック」の確認として、フォルダー名とサブフォルダー名が空の場合のエラー処理を確認しましょう。「フォルダー名を入力してください：」と「サブフォルダー名を入力してください：」のメッセージのあとは、いずれも何も入力せず、そのまま Enter キーを押してください。

これで、空の文字列を入力したことになります。すると、画面11のように「フォルダー名

# 8-3 自分が書いたコードをChatGPTに改善してもらおう

とサブフォルダー名を正しく入力してください。」というメッセージが表示されます。

▼**画面11　フォルダー名とサブフォルダー名が空の場合のエラー処理**

```
if folder and sub_folder:
    # OSに依存しないパスを作成
    folder_path = os.path.join("myData", sub_folder, folder)

    # フォルダ作成
    os.makedirs(folder_path, exist_ok=True)
    print(f"フォルダー '{folder_path}' を作成しました。")
else:
    print("フォルダー名とサブフォルダー名を正しく入力してください。")
```

```
フォルダー名を入力してください:
サブフォルダー名を入力してください:
フォルダー名とサブフォルダー名を正しく入力してください。
```

この改善した機能もちゃんと動いているね

　「myData」フォルダーの中を見ても、何のフォルダーもサブフォルダーも新規作成されていません。もちろん、エラーでプログラムが途中で止まってしまうこともありません。これでフォルダ名とサブフォルダ名が空の場合のエラー処理がちゃんと実行されたことが確認できました。

　サンプルコードの3つの改善点の確認は以上です。繰り返しになりますが、自分で考えて書いたコードをChatGPTに改善してもらうことで、より適切なコードにできます。特に初心者の場合、そもそも現在のコードのどこにどのような改善の余地が残っているのか、見つけ出すことすら非常に難しい作業なので、ChatGPTの助けを大いに借りるとよいでしょう。もちろん、具体的な改善策とそのコードも、本節の例のように教えてもらえます。さらにそこを出発点に、自分で考えた改善を実施するのもよいでしょう。

　今回の例では、より便利な方法への変更やエラー処理の追加でしたが、コードによっては処理速度を向上したり、重複した記述をまとめて変更に強くしたりするなど、他の観点でも改善できます。ただし、再度述べますが、ChatGPTのコードがすべて正しいわけではないので、チェックおよび修正を忘れないように心がけましょう。

## 8-4 ChatGPTにコード解説やコメント付与をやってもらおう

### ● コードをChatGPTに解説してもらう

本章ではここまでに、さらなるChatGPT活用方法として、機能の追加、うまく動かない時の対処、コードの改善について学んできました。本節では、プログラミング未経験のPython初心者が他にも知っておくとよいChatGPT活用方法を2つだけ簡単に紹介します。

1つ目はコードの解説です。Pythonの学習を進めていくと、ChatGPTでも、Webサイトや書籍などそれ以外のものでも、サンプルコードだけを提示され、その解説が不十分な状況にしばしば遭遇します。そのコードにどのようなライブラリの関数が使われているのか、どう使えばよいのかなどを学びたいのに、説明がほとんどない状況です。

そのような際はChatGPTにコードを解説してもらいましょう。解説して欲しい旨とコードを丸ごと質問としてChatGPTに伝えればOKです。

たとえば、第5章5-3節にて、プロンプト2によって画像処理の代表的なライブラリをChatGPTに質問した際、「OpenCV」というライブラリのサンプルコードが例として以下のように提示されました。

▌コード
```
import cv2
image = cv2.imread('image.jpg')
gray_image = cv2.cvtColor(image, cv2.COLOR_BGR2GRAY)
cv2.imshow('Gray Image', gray_image)
cv2.waitKey(0)
```

その回答には、上記コードの解説は一切ありませんでした。このコードを詳しく知りたければ、ChatGPTに質問します。プロンプトと回答例は以下です。

▌プロンプト1

次のコードを解説してください。

import cv2
image = cv2.imread('image.jpg')
gray_image = cv2.cvtColor(image, cv2.COLOR_BGR2GRAY)
cv2.imshow('Gray Image', gray_image)
cv2.waitKey(0)

▌回答例

このコードは、PythonのOpenCVライブラリを使って画像をグレースケールに変換し、表示す

**8-4** ChatGPTにコード解説やコメント付与をやってもらおう

るプログラムです。それぞれの行が何をしているのかを説明します。

```
import cv2
```

・cv2 はOpenCVという画像処理ライブラリを使うためのモジュールです。この行でOpenCVを
　インポートしています。

```
image = cv2.imread('image.jpg')
```

・cv2.imread('image.jpg') は、指定されたファイル名 'image.jpg' の画像を読み込みます。
　image という変数に画像データが格納されます。
・'image.jpg' は読み込む画像ファイル名で、同じフォルダにある画像を指定します。

```
gray_image = cv2.cvtColor(image, cv2.COLOR_BGR2GRAY)
```

・cv2.cvtColor() は画像の色変換を行う関数です。
・cv2.COLOR_BGR2GRAY は、画像をカラー(BGR形式)からグレースケールに変換するための指
　定です。
・image に読み込んだ画像をグレースケールに変換し、その結果を gray_image に格納します。

```
cv2.imshow('Gray Image', gray_image)
```

・cv2.imshow() は、指定したウィンドウに画像を表示する関数です。
・'Gray Image' はウィンドウの名前で、gray_image が表示されます。

```
cv2.waitKey(0)
```

・cv2.waitKey(0) は、キーボードの任意のキーが押されるまで画像ウィンドウを表示し続け
　る関数です。
・引数の 0 は、無限に待機することを意味します。

**全体の流れ**
1. OpenCVを使って画像を読み込む。
2. 読み込んだ画像をグレースケールに変換する。
3. グレースケール画像を新しいウィンドウに表示する。
4. キーが押されるまでそのウィンドウを開いたままにする。

　プロンプト1は「次のコードを解説してください。」という解説して欲しい旨の一文に続け、
対象のコードを丸ごとコピー＆貼り付けしてChatGPTに質問しています。

　得られた回答例では、サンプルコードの1行ごとにポイントが解説されています。最後には、
処理の全体の流れもまとめられています。

この回答をもとに、各関数の書式などの詳細をChatGPTに追加で質問していきつつ、サンプルコードへの理解を進めていけばよいでしょう。

## ChatGPTにコメントを付けてもらう

2つ目の活用方法はChatGPTにコメントを付けてもらうことです。

自分の書いたコードにはコメントを付けた方が、機能追加・変更などでのちのち見直した際、どのような処理なのか、どのような意図や狙いで書いたのかなどを思い出しやすくなります。

とはいえ、コメントを自分の手でいちいち入力するのは確かに面倒です。それに、初心者が的確な内容で、かつ、簡潔な文章のコメントを考えることはハードルが高い作業です。

そこで、ChatGPTにコメントを入れてもらうのです。今回は例として、先ほどと同じく、第5章5-3節で登場したサンプルコードを用いるとします。5-3節のプロンプト2によって画像処理の代表的なライブラリをChatGPTに質問した際、「Pillow」というライブラリのサンプルコードが例として以下のように提示されました。

**コード**

```
from PIL import Image
image = Image.open('image.jpg')
image = image.resize((100, 100))
image.show()
```

このコードにコメントを入れてもらうためのプロンプトと回答例は以下です。なお、下記回答例のコメントは、誌面上では誌幅の関係で複数行に渡っていますが、実際には1行で書かれています。

**プロンプト2**

次のコードの中にコメントを入れてください。

```
from PIL import Image
image = Image.open('image.jpg')
image = image.resize((100, 100))
image.show()
```

**回答例**

以下のコードにコメントを入れました：

```
from PIL import Image  # PillowライブラリのImageモジュールをインポート
image = Image.open('image.jpg')  # 'image.jpg'という画像ファイルを開いてimageに
格納
image = image.resize((100, 100))  # 画像サイズを幅100ピクセル、高さ100ピクセルに
```

**8-4** ChatGPTにコード解説やコメント付与をやってもらおう

```
リサイズ
image.show()  # リサイズされた画像を表示する
```

このように、各行が何をしているのかを説明するコメントを追加しました。

　プロンプトは「次のコードの中に」の部分に含まれている「の中」というフレーズがコツです。もし、「次のコードにコメントを入れてください。」のように、「コードの中」を意味するフレーズがないと、1つ目の例のようにコードを解説するだけの回答が得られてしまう場合があります。「コメントを入れる」をChatGPTが「コードを解説する」と解釈してしまうと、こういった事態になります。

　そうではなく、意図通りコードの中にコメントを入れてもらうには、「コードの中に」という意味のフレーズが必要になります。

　また、上記回答例では、コメントは各行のコードの後ろに書かれています。1行が長くなって見づらいので、コメントは独立した行に書く形式にして欲しいところです。例えば以下のイメージです。各コードの前の行に、そのコードのコメントを書いた形式です。

```
# PillowライブラリのImageモジュールをインポート
from PIL import Image

# 'image.jpg'という画像ファイルを開いてimageに格納
image = Image.open('image.jpg')

# 画像サイズを幅100ピクセル、高さ100ピクセルにリサイズ
image = image.resize((100, 100))

# リサイズされた画像を表示する
image.show()
```

　しかし、筆者環境で試した限り、コメントは独立した行に書く形式にして欲しい旨をChatGPTに伝えたところ、上手くいきませんでした。たとえば、以下のプロンプト3を送信しました。

**プロンプト3**

各コードのコメントは独立した行に書くようにしてください。

　すると、下記のような回答が得られました。コードとコメントの対応がずれています。

**回答例**

各コードのコメントを独立した行に書いたバージョンです。

```
from PIL import Image
```

```
# Pillowライブラリの Image モジュールをインポート
image = Image.open('image.jpg')

# 画像ファイル 'image.jpg' を開く
image = image.resize((100, 100))

# 画像を100x100 ピクセルにリサイズ
image.show()

# リサイズした画像を表示
```

各行に対するコメントを独立した行に配置しました。

　コメントを入れる形式に関しては、本書執筆時点では意図通りにすることが難しいと言えます。ある程度までコメントをChatGPTに入れてもらったら、その先は自分の手作業で形式を整えた方が、トータルで効率的でしょう。

## 8-4 ChatGPTにコード解説やコメント付与をやってもらおう

### コラム

## ダミーデータをChatGPTに作成してもらう

　Pythonの学習を進めている際、グラフ描画やデータ加工・分析などのプログラムを書いて実行する際、その素材となるデータが必要となります。ライブラリによっては、サンプルのデータを何種類か提供していますが、他のデータでも試したくなる時があります。

　そのような際はChatGPTにダミーのデータを作ってもらうとよいでしょう。たとえば、下記のプロンプトです。

**プロンプト1**

次の項目からなるダミーデータを10件作成して表示してください。

#項目
会員番号、氏名、生年月日、メールアドレス

得られた回答例が以下です。

**回答例**

以下が生成されたダミーデータです：

| 会員番号 | 氏名 | 生年月日 | メールアドレス |
| --- | --- | --- | --- |
| M0001 | 田中 浩 | 1989-02-12 | minoru05@okada.com |
| M0002 | 長谷川 和也 | 1952-09-13 | naoto00@ito.com |
| M0003 | 鈴木 太一 | 2004-05-18 | naotomurakami@saito.net |
| M0004 | 松田 幹 | 2001-06-18 | mikakoyamazaki@hotmail.com |
| M0005 | 太田 聡太郎 | 1937-02-19 | akemi12@hayashi.jp |
| M0006 | 斎藤 桃子 | 1966-02-02 | suzukitomoya@hotmail.com |
| M0007 | 青木 知実 | 1985-05-28 | yutasuzuki@gmail.com |
| M0008 | 吉田 充 | 1998-12-01 | yumikohayashi@yamamoto.jp |
| M0009 | 池田 裕美子 | 1966-09-16 | shoheimaeda@endo.jp |
| M0010 | 池田 真綾 | 1966-08-18 | shohei34@yahoo.com |

このダミーデータは指定された項目に基づいています。

プロンプト1では、欲しいダミーデータの件数と項目を指定しています。基本的には、これでダミーデータが表形式で作成されます。

そして、プロンプト1では作成に加え、表示してほしい旨も伝えています。作成してほしい旨だけだと、本書執筆時点にて筆者環境で試した範囲では、画面上に表示されず、ファイルとして作成されるだけで、ダウンロードできるようになります。表示は不要で、データをファイルとして得られさえすればよいのなら、プロンプトに表示してほしい旨を含める必要はありません。

また、汎用的なデータ形式である「CSV」(Comma Separated Values) でダミーデータを欲しければ、その旨もプロンプトに含めてください。CSVとは、列が「,」(カンマ)、行が改行で区切られた表形式のデータです。CSVファイルの拡張子は「.csv」であり、CSVの形式のデータがテキストとして保存されたファイルです。

CSVファイルの正体はテキストファイルなので、「メモ帳」などのテキストエディタで開き、閲覧や編集ができます。次の画面はChatGPTが上記と同じ内容のダミーデータとして作成したCSVファイルをダウンロードし、「メモ帳」で開いた例です。

▼画面　CSVファイルを「メモ帳」で開いた画面

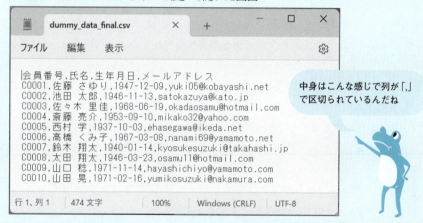

なお、CSVファイルはExcelでも開いて使うことができます。ただし、ChatGPTが作成したCSVファイルは文字コードの関係で、Excelで開くと文字化けするケースが多々あります。その場合、追加の質問として「UTF8 BOM付きにしてください。」というプロンプトを送れば、Excelで開いても文字化けしないCSVファイルを作ってもらえます。「UTF8 BOM」の解説は割愛しますが、Excelで文字化けしない文字コードです。

# 8-5 リストの「インデックス」を学ぼう

## ● リストの個々の要素はインデックスで操作

本書では、Pythonのリストについて、基礎の基礎は第5章5-6節で学びました。本節から次節にかけて、リストの基礎の続きを学びます。

本節では「インデックス」というリストの仕組みを学びます。

インデックスについては、5-6節のプロンプト1の回答例の「リストの基本的な操作」の1つ目「リストにアクセスする」に簡単な説明が載っていました。以下抜粋です。

> **回答例**
> ・リストにアクセスする
> インデックス番号（0から始まる）を使って、特定の要素にアクセスできます。
> ```
> print(fruits[0])   # "apple"
> ```

この回答例では、「fruits = ["apple", "banana", "cherry"]」というコードによって、リストfruitsが作成してあり、その先頭の要素の値を取得するコードが、上記抜粋でprint関数の引数に指定している「fruits[0]」です。このコードにインデックスが使われています。

インデックスはリストの個々の要素を扱う仕組みです。複数あるリストの要素のうち、どれを扱う対象にするのかを指定します。インデックスは具体的には、整数の連番です。リストの先頭から何個目の要素なのか、インデックスで指定することで、目的の要素を決定します。

ポイントは、インデックスが始まるのは1ではなく、0であることです（図1）。これが重要なツボです。たとえば、先頭の要素なら、インデックスは0になります。先頭から2個目の要素ならインデックスは1、3個目の要素ならインデックスは2になります。「インデックスは1から始まる」と勘違いしやすいので注意しましょう。

リストの「インデックス」を学ぼう 8-5

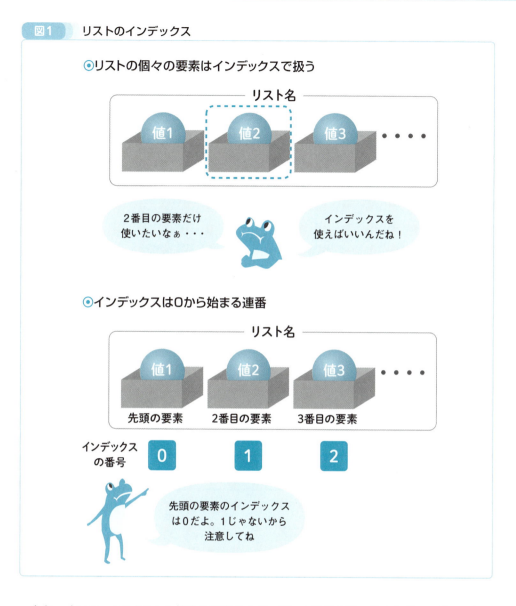

図1 リストのインデックス

なお、インデックスが0から始まる理由ですが、ザックリ言えば、その方がコンピューターにとって扱いやすいからです。この理由はともかく、「とにかく0から始まるものなんだ」と割り切って覚えていればOKです。

## インデックスはこうやって使う

それではリストのインデックスを改めて解説します。書式は下記です。

書式

リスト名 [ インデックス ]

## 8-5 リストの「インデックス」を学ぼう

リスト名（リストを代入した変数名）に続けて、「[」と「]」（半角の角括弧）の中にインデックスの番号を数値（整数）として指定します。先述のとおり、インデックスは0から始まるので、先頭の要素なら0を指定します（図2）。

**図2** リストのインデックスの書式

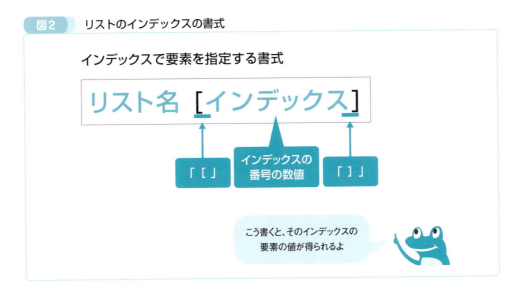

リストのインデックスの例を紹介します。先ほど挙げた以下のリストfruitsを用いるとします。

```
コード
fruits = ["apple", "banana", "cherry"]
```

このリストfruitsの先頭の要素を取得するなら、何度も繰り返しますが、インデックスは0から始まるので、0を指定すれば先頭の要素を取得できます。先ほどの書式に従うと、以下のコードになります。

```
コード
fruits[0]
```

これでリストfruitsの先頭の要素の値である文字列「apple」が得られます。あとは先ほどの回答例のように、print関数の引数に指定して出力するなど、取得した要素の値を処理に使います。

次は先頭から3個目の要素を取得したいとします。インデックスは0から始まるので、3個目の要素なら2を指定すればよいことになります。

```
コード
fruits[2]
```

リスト fruits の先頭から3個目の要素の値は文字列「cherry」なので、「fruits[2]」と記述すると、文字列「cherry」が得られます（図3）。

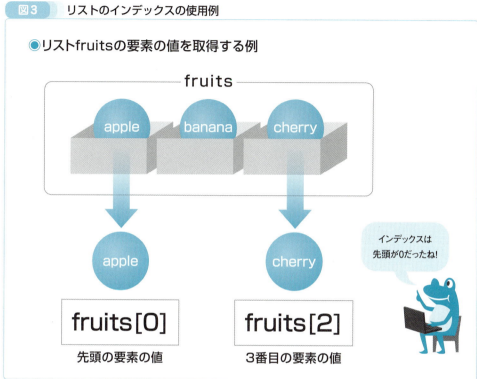

図3　リストのインデックスの使用例

## リストの要素の値を変更するには

インデックスを使うと、リストの個々の要素の値を取得するのみならず、変更することもできます。

リストの要素を変更については、5-6節のプロンプト1の回答例の「リストの基本的な操作」の3つ目「リストの要素を変更する」に、簡単な説明が載っていました。以下抜粋です。

回答例
・リストの要素を変更する
インデックスを指定して要素を変更できます。
```
fruits[1] = "blueberry"
```

リストの要素を変更するコードの書式は以下です。

書式

リスト名 [ インデックス ] ＝ 値

## 8-5 リストの「インデックス」を学ぼう

個々の要素の値を取得する書式「リスト名[インデックス]」に、代入の「=」演算子によって、変更後の値を代入します。これで、その要素の値を変更できます。

たとえばリストfruitsの先頭の要素の値を文字列「lemon」に変更したければ、以下のコードになります。

**コード**
```
fruits[0] = "lemon"
```

リストのインデックスの解説は以上です。余裕があれば、お手元の開発環境で、上記のリストfruitsを使ったサンプルコードを記述・実行したり、インデックスの番号や変更後の値をいろいろ変えて試したりするとよいでしょう。

## コラム

### 「タプル」と「辞書」

Pythonにはリストと似たような仕組みとして、「タプル」と「辞書」があります。いずれも複数のデータをまとめて扱うための仕組みです。

タプルはいわば、「要素の値をあとから変更できないリスト」です。言い換えるなら、「要素の値が固定されたリスト」です。リストと同じく、インデックスを使って、個々の要素を取り出して処理に使えます。

辞書もリストやタプルのように、複数のデータを扱う仕組みなのですが、個々の要素を取り出したり、値を変更したりする際、インデックスは使いません。辞書はインデックスという数値ではなく、文字列によって要素を管理します。その文字列によって個々の要素を取り出したり、値を変更したりするのが大きな違いです。そのような文字列は専門用語で「キー」と呼ばれます。

たとえば、何かのサービスの会員を辞書で管理するなら、「会員番号」や「氏名」、「住所」などの語句の文字列を辞書のキーとして用います。インデックスだと単なる数値なので、何のデータなのかは見ただけではわかりません。一方、辞書のキーなら、それらの例のように、意味のある語句を使えるので、何のデータなのかひと目でわかるのがメリットです。

# 8-6 リストの「メソッド」を学ぼう

##  メソッドとは、データが備えている専用の関数

前節では、リストの基礎の続きとして、インデックスを学びました。本節では同じくリストの基礎の続きとして、「メソッド」という仕組みを学びます。メソッドはリストのみならず、Python全般で用いられている仕組みです。

メソッドについては、5-6節のプロンプト1の回答例の「リストの基本的な操作」の2つ目「リストに要素を追加する」と4つ目「リストの要素を削除する」に、簡単な説明が載っていました。以下、該当する2箇所の抜粋です。

> 回答例
>
> ・リストに要素を追加する
> append() メソッドを使って、新しい要素をリストの最後に追加します。
>
>     fruits.append("orange")

> 回答例
>
> ・リストの要素を削除する
> remove() メソッドで、指定した要素を削除できます。
>
>     fruits.remove("cherry")

メソッドとはザックリ言えば、データが備えている専用の関数です。Pythonではデータと関数をセットで扱うケースが多々あります。そうしたセットは専門用語で「オブジェクト」と呼ばれます。オブジェクトが持つ関数の総称がメソッドです（図1）。

オブジェクトは種類が複数あり、オブジェクトが持つ関数の種類と数も、オブジェクトの種類によって異なります。言い換えると、メソッドの種類も数もオブジェクトの種類によって異なります。

リストもオブジェクトの一種です。リストは第5章5-6節にて、"箱"が複数連なったものと学びました。その複数の"箱"がデータであり、そのデータを処理するための関数であるメソッドを何種類か備えています。リストの正体は、そのようにデータとメソッドがセットになったオブジェクトなのです。また、データのことは「属性」と呼びます。属性の種類や数もオブジェクトの種類によって異なります。

283

## 8-6 リストの「メソッド」を学ぼう

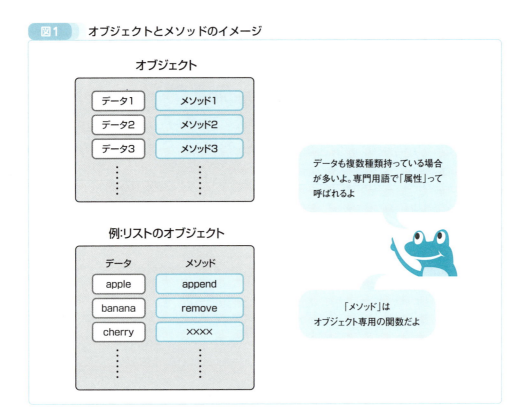

**図1** オブジェクトとメソッドのイメージ

## メソッドのコードはこう書けばOK！

それでは、メソッドの使い方を解説します。メソッドの書式は以下です。

**書式**

オブジェクト.メソッド名(引数)

メソッド名の後ろに「()」を書き、その中に引数を記述します。引数が複数あるメソッドや、逆に引数がないメソッドもあります。また、メソッドの種類によっては戻り値を返すものもあります。

ここまで説明を聞くと、関数と同じに思えるかもしれません。確かに本質的には関数と同じなのですが、書式として、メソッド名の前にオブジェクトと「.」を記述する点が異なります。組み関数は関数名だけを記述し、ライブラリの関数は関数名の前にモジュール名と「.」を記述するのでした。こういった違いがあります。

また、オブジェクトは変数に格納して使うケースが多くあります。その場合、先ほどのメソッドの書式は、オブジェクトの部分は変数名に変わります。

リストの「メソッド」を学ぼう **8-6**

---

**書式**

オブジェクトが格納された変数名 **.** メソッド名 **(** 引数 **)**

---

たとえば、ここで例に用いたリスト fruitsはそもそも、コード「fruits = ["apple", "banana", "cherry"]」によって、3つの果物名を要素とするリスト「["apple", "banana", "cherry"]」を変数 fruits に代入したものでした。その場合、上記書式の「オブジェクトが格納された変数名」の部分に、変数fruitsを記述することになります。

そして、このリストfruitsはリストなのでオブジェクトであり、いくつかメソッドを備えています。その一例が本節冒頭で再度提示した5-6節のプロンプト1の回答例の「リストの基本的な操作」の2つ目「リストに要素を追加する」と4つ目「リストの要素を削除する」です。

前者は「append」というメソッドです。引数に指定した値をリストの末尾に新たな要素として追加するメソッドです。そのコードは回答例に次のように書かれています。

---

**コード**

```
fruits.append("orange")
```

---

まずはリストfruits（変数fruits）を上記書式の「オブジェクトが格納された変数名」の部分に指定しています。そして、「.」を挟み、メソッド名「append」を記述しています。さらに「()」の中に文字列「orange」を指定しています。実行すると、リストfruitsの末尾に、文字列「orange」を値とする要素が新たに追加されます（図2）。

## 8-6 リストの「メソッド」を学ぼう

図2 「fruits.append("orange")」でリストの末尾に要素を追加

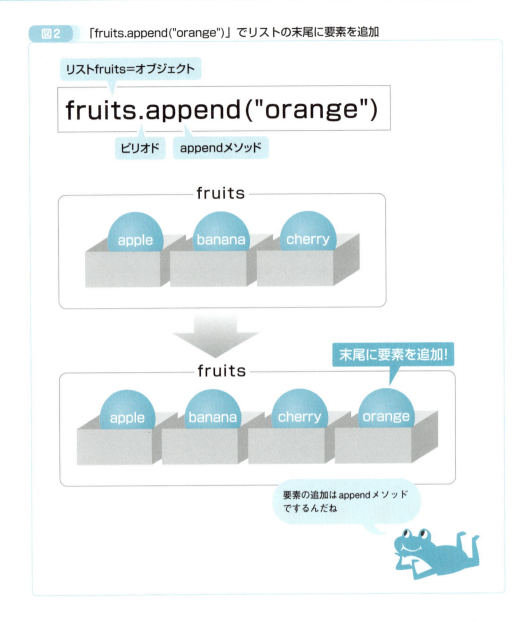

　5-6節のプロンプト1の回答例に載っているメソッドのもうひとつの例であるコード「fruits.remove("cherry")」は、「remove」というメソッドです。リストから指定した値の要素を削除するメソッドです。リストfruitsで文字列「cherry」を値とするのは、先頭から3個目（インデックスは2）の要素です。コード「fruits.remove("cherry")」を実行すると、先頭から3個目の要素が削除されます。

　また、オブジェクトを変数に格納して使わず、そのままオブジェクトを記述し、それに続けてメソッドを記述するかたちでコードを書くことも可能です。たとえば、リストfruitsの場合、変数fruitsに格納せず、「["apple", "banana", "cherry"]」のまま使い、「.」に続けてappendメソッドを記述して、「["apple", "banana", "cherry"].append("orange")」のような形式のコード

リストの「メソッド」を学ぼう **8-6**

を書くこともできます。

さらには、実は「"」で囲って記述する文字列もオブジェクトです。それゆえ、メソッドを複数備えています。例えば、の変換（アルファベットの大文字／小文字など）、置換、削除、分割、結合、検索、部分一致の判定など、文字列に必要とされる各種操作のメソッドが揃っています。

文字列は変数に格納した場合はもちろん、格納しなくても、「"文字列本体"」の書式の後ろに、「.」に続けて各種メソッドを記述する形式のコードを書くこともできます。

## 結局ライブラリの関数とメソッドは何が違うの？

ここで、ライブラリの関数とメソッドのコードの違いを改めて整理します。

ライブラリの関数の書式は「モジュール名.関数名(引数)」でした。たとえば「os.makedirs("myData/subFolder")」のように記述します。この書式のモジュール名の部分は、osモジュールなら「os」のように、Python側で決められた名前として毎回必ず同じものを記述します。

一方、メソッドの書式は「オブジェクト.メソッド名(引数)」でした。オブジェクトの部分は変数名を記述するケースも多く、「オブジェクトが格納された変数名.メソッド名(引数)」の書式で書くのでした。その場合、変数名はユーザーが名前を決めるので、毎回必ず同じものを記述するわけではありません。

先ほどの例に用いたリストfruitsなら、リストが格納された変数は必ずこの変数名にしなければならないわけではなく、プログラマーが自由に決めてよいのです。もし変数名を「kudamono」と決めたなら、リストを作成するコードは「kudamono = ["apple", "banana", "cherry"]」になります。そして、要素を追加するappendメソッドのコードは「kudamono.append("orange")」と記述することになります。

以上がライブラリの関数とメソッドのコードの違いです（図3）。

## 8-6 リストの「メソッド」を学ぼう

図3　ライブラリの関数とメソッドのコードの形式の違い

また、ライブラリの種類によっては、関数だけでなく、オブジェクトを有するものもあります。その場合、各オブジェクトが備えているメソッドを関数のごとく使います。厳密には違うのですが、初心者はこのようなザックリとした理解で、実用上は問題ありません。

　また、4章4-3節末コラムで組み込み関数のtype関数を紹介した際、「class」が登場しました。このclassとは、オブジェクトの種類を表すものです。コードとして、オブジェクトの種類をひな形のようにclassを定義します。そのための構文である「class」文が用意されています。そして、そのひな形からオブジェクトの実体を作り出します。オブジェクトの実体は厳密には「インスタンス」と呼ばれます。classは初心者には難しいので、本書では詳しく解説しませんが、ゆくゆくは使う機会が訪れるので、そのときになったらChatGPTに質問するなどして、使い方を習得しましょう。

# おわりに

　本書を読み終えて、いかがでしたか？　プログラミング自体が未経験の初心者が最低限身につけておきたいPythonの文法・ルールは、解説を読んだのち、お手元の開発環境で実際にコードを試すことで、理解が深まったでしょうか？　また、ChatGPTに質問し、得られた回答をPython学習に活かすコツも何となくでよいので、おわかりいただけましたか？

　「はじめに」でも述べた通り、本書で学んだPythonの文法・ルールは最低限のものであり、他にも何種類かあります。代表的なものは、本書コラムなどで概略のみ簡単に紹介しており、それ以外にもいくつかあります。本書を読み終えたら、それらもChatGPTの助けを借りて、ぜひとも学んでいきましょう。、

　ChatGPTは進化のスピードが非常に速く、本書で筆者が補足したことは近い将来、不要になる可能性が高いと予測されます。いずれにせよ、読者にみなさんにとって、より便利になる方向で進化していくことは間違いないので、期待したいものです。

　読者のみなさんが今後もChatGPTの助けを借りつつPythonの学習を進め、仕事などで大いに活用できる日が来ることを祈っております。

# 索　引

### 記号

| | |
|---|---|
| ' | 85 |
| " | 109 |
| {} | 221 |
| # | 63, 77, 108, 109 |
| , | 82, 119, 136 |
| . | 118 |
| .ipynb | 40 |
| / | 215, 256 |
| _ | 102 |
| " | 90, 221 |
| """ | 109 |
| + | 103, 104, 105 |
| += | 203 |
| = | 96, 104, 137 |
| == | 170 |

### A

| | |
|---|---|
| AI | 14 |
| Anaconda | 28 |
| and | 262, 263 |
| append | 285 |
| Artificial Intelligence | 14 |
| as | 127, 131 |
| as plt | 131 |

### C

| | |
|---|---|
| ChatGPT | 17, 67 |
| class | 93, 288 |
| Comma Separated Values | 277 |
| CSV | 277 |

### D

| | |
|---|---|
| def | 110 |

### E

| | |
|---|---|
| else | 174 |
| exist_ok | 219, 261 |
| exist_ok=True | 261 |

### F

| | |
|---|---|
| False | 164, 166 |
| for | 186, 187, 189, 196 |
| from import | 141 |
| f-string | 220, 223 |

### I

| | |
|---|---|
| if | 162, 163, 170, 174 |
| if-elif-else | 182 |
| if-else | 174, 176, 179 |
| import | 116 |
| import os | 157, 158, 159 |
| in | 184, 196 |
| input | 160, 161 |
| int | 239 |

### J

| | |
|---|---|
| Jupyter Notebook | 37, 65, 69, 101, 157 |

### L

| | |
|---|---|
| len | 78, 80, 88, 89, 113 |

### M

| | |
|---|---|
| makedirs | 213 |
| match | 227 |
| math | 115, 116, 119, 121, 124 |
| Matplotlib | 127, 147 |

### O

| | |
|---|---|
| os | 159, 213 |

291

# 索引

os.getcwd() ································ 157
os.makedirs ···················· 211, 213, 219
os.path.join() ···························· 260

### P
print····· 73, 76, 78, 80, 83, 84, 92, 113
Python ·································· 14

### R
range ·························· 193, 204
remove ··························· 286

### S
show······························ 132
sqrt ························· 119, 121
str ····························· 93

### T
True································· 164, 166
type······················· 78, 89, 93

### U
UTF8 BOM··························· 277

### あ
アカウント ····························· 22
値の変更 ······························ 99
新しいチャット ························· 27
アンダースコア························· 102

### い
インデックス ················· 278, 279, 280
インデント···························· 166
インポート··················· 115, 116, 130

### え
エイリアス·························· 131

エラー························· 73, 245
演算 ······················· 55, 146
演算子 ············· 103, 104, 105, 137,
170, 184, 262, 263

### お
オブジェクト ························ 283
オリジナルの関数························ 110

### か
開始 ····························· 206
カレントディレクトリ··············· 148, 157
関数 ··················· 76, 78, 82, 146
関数名························· 79

### き
偽····························· 166
キーワード引数···················· 219

### く
組み込み関数········· 77, 78, 82, 114, 146
繰り返し ····················· 55, 146, 187

### こ
コード ·························· 59
コメント ·········· 77, 107, 108, 109, 271

### さ
サードパーティーのライブラリ············ 144

### し
シーケンス························· 190, 192
辞書 ··························· 282
終了 ···························· 206
条件が不成立···················· 174
条件分岐 ········· 55, 146, 162, 163, 227
書式 ·························· 78, 83

## 索引

真 ……………………………………… 166
シングルクォート ……………………… 85
人工知能 ………………………………… 14

### す

数値 ……………………………………… 84
数値計算 ………………………………… 146
ステップ ………………………… 206, 207

### せ

生成AI …………………………………… 17
セル …………………………… 40, 101
宣言 ……………………………… 96, 99

### た

代入 …………………………… 96, 99, 146
縦軸用のデータ ………………………… 134
タプル …………………………………… 282
ダブルクォート …………… 85, 90, 221
ダミーデータ …………………………… 276

### ち

チャット ………………………………… 26

### て

ディレクトリ …………………………… 148
データ型 …………… 55, 83, 84, 85, 93

### の

ノートブック …………………………… 38

### は

バグ ……………………………………… 245
パス ……………………………………… 213
パス区切り文字 ………………… 215, 256
ハルシネーション ……………………… 56

### ひ

比較演算子 ……………………………… 167
引数 …………………………… 79, 82
標準ライブラリ ………………………… 144
標準ライブラリ ………………………… 159

### ふ

ブール型 ………………………… 86, 166
フォーマット文字列 …………………… 221
フォルダー ……………………… 148, 211
部分一致の比較 ………………………… 184
プログラム ……………………………… 58
プロンプト ………………………… 26, 46
プロンプト・プログラミング ………… 147

### へ

平方根 …………………………… 119, 121
別名 ……………………………………… 131
変数 ……………… 52, 89, 94, 99, 137,
　　　　　　　　　 146, 190, 192, 196
変数の値を1増やす …………………… 203
変数名 ………………… 95, 98, 99, 102

### め

命令文 …………………………………… 76
メソッド ………………… 283, 284, 287
メモリ機能 ……………………………… 27

### も

もし〜なら……………………………… 146
文字化け ………………………………… 277
モジュール ………………… 127, 128, 130
モジュールの名前 ……………………… 130
文字列 …………………………… 84, 85, 93
戻り値 …………………………… 82, 89

## 索引

### ゆ

ユーザー ……………………………………… 157
ユーザー定義関数 ………………… 77, 110
ユーザー定義のコード ………………… 110
ユーザー名 …………………………………… 149

### よ

要素 …………………………………………… 133
要素数 ……………………………………… 133
横軸用のデータ ………………………… 134

### ら

ライブラリ ……16, 55, 112, 113, 124, 141
ライブラリのインポート ………………… 115
ライブラリの関数 ………… 77, 82, 88, 114,
120, 146, 287
ライブラリの名前 ………………………… 116

### り

リスト ………………… 55, 90, 133, 137,
146, 278, 279
リストの要素 ……………………………… 281
リスト名 ……………………………… 137, 280
リファクタリング ………………………… 252

### る

ループ ………………… 55, 146, 186, 187

### れ

連番付きフォルダー自動作成 ……… 147, 150,
151, 155, 158, 159, 186, 204

### ろ

論理エラー ………………………………… 247

# 立山　秀利（たてやま　ひでとし）

フリーライター。1970年生まれ。

筑波大学卒業後、株式会社デンソーでカーナビゲーションのソフトウェア開発に携わる。

退社後、Webプロデュース業を経て、フリーライターとして独立。現在は『日経ソフトウエア』でPythonの記事等を執筆中。『PythonでExcelやメール操作を自動化するツボとコツがゼッタイにわかる本』『図解！ Pythonのツボとコツがゼッタイにわかる本　"超"入門編』『図解！ Pythonのツボとコツがゼッタイにわかる本　プログラミング実践編』『図解！ ChatGPT×Excelのツボとコツがゼッタイにわかる本』『Excel VBAのプログラミングのツボとコツがゼッタイにわかる本 [第2版]』『VLOOKUP関数のツボとコツがゼッタイにわかる本』『図解！ Excel VBAのツボとコツがゼッタイにわかる本　"超"入門編』（秀和システム）、『入門者のExcel VBA』『実例で学ぶExcel VBA』『入門者のPython』（いずれも講談社）など著書多数。GPTなどAIの仕組みを初心者向けに解説した書籍や記事も執筆。

Excel VBAセミナーも開催している。

セミナー情報　http://tatehide.com/seminar.html

・Python関連書籍

「PythonでExcelやメール操作を自動化するツボとコツがゼッタイにわかる本」
「図解！ Pythonのツボとコツがゼッタイにわかる本　"超"入門編」
「図解！ Pythonのツボとコツがゼッタイにわかる本　プログラミング実践編」

・Excel関連書籍

「Excel パワーピボット&パワークエリのツボとコツがゼッタイにわかる本　実践編」
「Excel パワーピボット&パワークエリのツボとコツがゼッタイにわかる本　超入門編」
「図解！ ChatGPT×Excelのツボとコツがゼッタイにわかる本」
「Excel VBAでAccessを操作するツボとコツがゼッタイにわかる本 [第2版]」
「Excel VBAのプログラミングのツボとコツがゼッタイにわかる本」
「続 Excel VBAのプログラミングのツボとコツがゼッタイにわかる本」
「続々 Excel VBAのプログラミングのツボとコツがゼッタイにわかる本」
「Excel関数の使い方のツボとコツがゼッタイにわかる本」
「デバッグ力でスキルアップ！ Excel VBAのプログラミングのツボとコツがゼッタイにわかる本」
「VLOOKUP関数のツボとコツがゼッタイにわかる本」
「図解！ Excel VBAのツボとコツがゼッタイにわかる本　"超"入門編」
「図解！ Excel VBAのツボとコツがゼッタイにわかる本　プログラミング実践編」

・Access関連書籍

「Accessのデータベースのツボとコツがゼッタイにわかる本 2019/2016対応」
「Accessマクロ&VBAのプログラミングのツボとコツがゼッタイにわかる本」

カバーデザイン・イラスト　mammoth.

### ChatGPT × Pythonで プログラミングのツボとコツが ゼッタイにわかる本

| 発行日 | 2025年 2月 7日 | 第1版第1刷 |

著　者　立山　秀利

発行者　斉藤　和邦
発行所　株式会社 秀和システム
　　　　〒135-0016
　　　　東京都江東区東陽2-4-2　新宮ビル2F
　　　　Tel 03-6264-3105（販売）Fax 03-6264-3094
印刷所　三松堂印刷株式会社　　　　Printed in Japan
ISBN978-4-7980-7292-0 C3055

定価はカバーに表示してあります。
乱丁本・落丁本はお取りかえいたします。
本書に関するご質問については、ご質問の内容と住所、氏名、
電話番号を明記のうえ、当社編集部宛FAXまたは書面にてお送
りください。お電話によるご質問は受け付けておりませんので
あらかじめご了承ください。